高等院校计算机技术与应用系列规划教材

U0663545

Excel VBA 实用教程

（第二版）

主　编　胡建华　楼吉林

副主编　刘福泉　李英杰　崔坤鹏

王宇熙　翟小瑞

ZHEJIANG UNIVERSITY PRESS
浙江大学出版社

图书在版编目（CIP）数据

Excel VBA 实用教程 / 胡建华，楼吉林主编. —2 版.
—杭州：浙江大学出版社，2018.2（2022.8 重印）
ISBN 978-7-308-17463-3

Ⅰ.①E… Ⅱ.①胡…②楼… Ⅲ.①表处理软件—
BASIC 语言—程序设计—教材 Ⅳ.①TP391.13

中国版本图书馆 CIP 数据核字（2017）第 240007 号

Excel VBA 实用教程（第二版）

主　编　胡建华　楼吉林
副主编　刘福泉　李英杰　崔坤鹏　王宇熙　翟小瑞

责任编辑	王元新	
责任校对	陈静毅　刘　郡	
封面设计	春天书装	
出版发行	浙江大学出版社	
	（杭州市天目山路 148 号　邮政编码 310007）	
	（网址：http://www.zjupress.com）	
排　　版	杭州青翎图文设计有限公司	
印　　刷	广东虎彩云印刷有限公司绍兴分公司	
开　　本	787mm×1092mm　1/16	
印　　张	9.75	
字　　数	243 千	
版 印 次	2018 年 2 月第 2 版　2022 年 8 月第 4 次印刷	
书　　号	ISBN 978-7-308-17463-3	
定　　价	32.00 元	

浙江大学出版社市场运营中心联系方式：0571－88925591；http://zjdxcbs.tmall.com

前　言

本书的主要编写目的是作为高校公共基础课 VB 程序设计的教材。传统的 VB 程序设计教材语法较繁琐,并且通常由于学时数的原因,不会讲到数据库的使用等知识点,因此无法给学生展示一个较完整的应用系统,导致学生感到学习难度大,学完后无法应用到实际工作中去。

VBA 是 VB 语言的子集,它不仅继承了 VB 的开发机制,而且与 VB 有着相同的程序结构和开发环境。它能简单直观地访问 Office 软件的各个部分,比如,可以直接读写 Excel 单元格,这样使得学习程序设计变得非常直观,不仅能帮助学生更容易地理解程序设计思想,而且能把 Excel 表作为数据库,通过编写 VBA 程序,轻松解决实际工作问题,使学生感到学以致用,提高学习兴趣。

本书共分为八章,主要内容包括 VBA 概述、VBA 语法基础、程序结构、数组、过程、常用控件、Excel VBA 对象、课程设计实例。由于作为公共基础课教材,本书编写过程中力求语法简洁,通过许多 VBA 编程控制 Excel 单元格的示例,使学生较容易掌握程序设计的思想和方法。每章都配有一定量的习题,供读者练习。

本书的编写分工为:胡建华编写第 1 章,刘福泉编写第 2 章,楼吉林编写第 3 章,李英杰编写第 4 章,崔坤鹏编写第 5 章,王宇熙编写第 6 章,翟小瑞编写第 7 章和第 8 章。

本书虽经过多次讨论与修改,但限于作者水平,存在不当之处在所难免,恳请广大读者指正。

胡建华

2017 年 10 月

目　　录

第 1 章

VBA 概述

本章主要讲解什么是 VBA,什么是程序,以及 VBA 程序的基本结构和 VBA 编辑器的基本用法。重点要理解程序的概念,掌握 VBA 程序的基本结构及 VBA 编辑器的使用。

1.1 什么是 VBA

VBA 的英文全称是 Visual Basic for Application,意思是嵌入应用程序中的 Visual Basic(VB 是微软公司开发的一种程序设计语言)。VBA 是 VB 语言的子集,它不但继承了 VB 的开发机制,而且与 VB 有着相同的程序结构和开发环境。它与 VB 最大的不同在于 VBA 必须嵌入某个 Office 软件中运行,但这也是 VBA 最大的优势所在。它能简单直观地访问 Office 软件的各个部分,比如,可以直接读写 Excel 单元格。正因为它有直接访问 Office 内容的功能,使我们学习程序设计变得非常直观,不仅能帮助我们更容易地理解程序设计思想,而且能利用编程轻松解决实际的工作问题。此外,还可以提高 Office 软件的应用能力,充分发掘 Office 的潜在功能,因此,学习 VBA 可谓一举多得。

1.2 VBA 程序编写及运行过程

本节主要介绍程序概念、VBA 程序结构及编写和运行过程。

1.2.1 什么是程序

简单地说,程序就是指令的有序集合,是人们为了让计算机完成一个任务给计算机下达的命令集。例如,老师叫李明同学把教室的门关上,那么李明同学会怎么做呢?他为了完成这个任务,要做如下动作:①站起来;②转向门;③走过去;④伸手关门;⑤转向座位;⑥坐下。这每个动作就是一个指令,把它们按照①—②—③—④—⑤—⑥的顺序排列起来,就能完成关门的任务,这就是程序。大家思考一下,如果不按照上面的顺序能完成关门任务吗?肯定是不行的。所以,指令的顺序是非常重要的,这体现了程序设计的逻辑性。在后面的章节,我们会学到顺序、分支、循环三种逻辑结构,当你遇到一个任务时,能够利用编程语言的指令,通过上述三种逻辑结构完成该任务,那么你就学会了程序设计。

1.2.2　创建一个显示"欢迎您"的程序

【例 1-1】　编写一个程序,该程序在弹出窗口中显示"欢迎您"。

(1) 新建一个 Excel 文件并打开。

(2) 单击"开发工具"菜单,再单击左边第一项"Visual Basic",弹出 VB 编辑器窗口。

(3) 在该窗口的"工程"子窗口的 VBAProject 工程名上单击鼠标右键。

(4) 在弹出的快捷菜单中依次选择"插入"→"模块"命令,结果如图 1-1 所示。

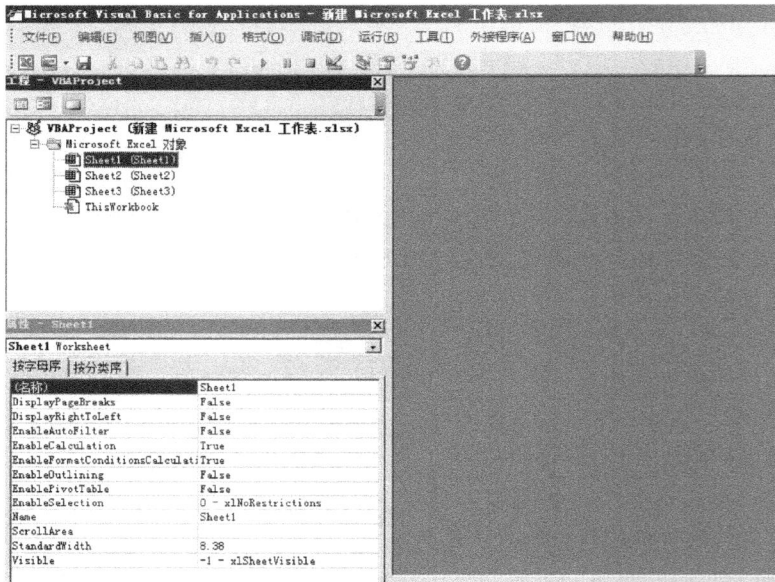

图 1-1　VB 编辑器窗口

(5) 在模块编辑窗口中输入如图 1-2 所示的代码。

图 1-2　输入代码

（6）单击"运行"菜单,再单击"运行子过程/用户窗体"菜单。

（7）程序执行结果如图 1-3 所示。

图 1-3　程序执行结果

1.2.3　理解程序结构

在 VBA 中,程序都包含在"Sub... End Sub"之间,以 Sub 开头的模块在 VBA 中叫作一个过程,"Sub"后面的 welcome 是过程名,用来标示一个过程。MsgBox（"欢迎您"）是一条 VBA 语句,即前面讲的指令。它的功能是把双引号中的信息显示在一个窗口中,它的详细使用方法将会在第 2 章中介绍。

1.2.4　带有交互式功能的程序

在例 1-1 中,我们只是把信息显示在屏幕上,但很多时候我们还要与计算机进行交互。比如,我们想求任意一个长方形的面积,就必须在程序运行的时候,动态输入长方形的长与宽。那么 VBA 是怎样接受我们输入的数据的呢？这不仅要用到输入语句,还需要引入变量的概念。下面,我们来实现这个程序。

【例 1-2】　编写一个程序,求任意一个长方形的面积。

（1）打开 VB 编辑器窗口。

（2）在该窗口的"工程"子窗口的 VBAProject 工程名上单击鼠标右键。

（3）在弹出的快捷菜单中依次选择"插入"→"模块"命令。

（4）在模块编辑窗口中输入如图 1-4 所示的代码。

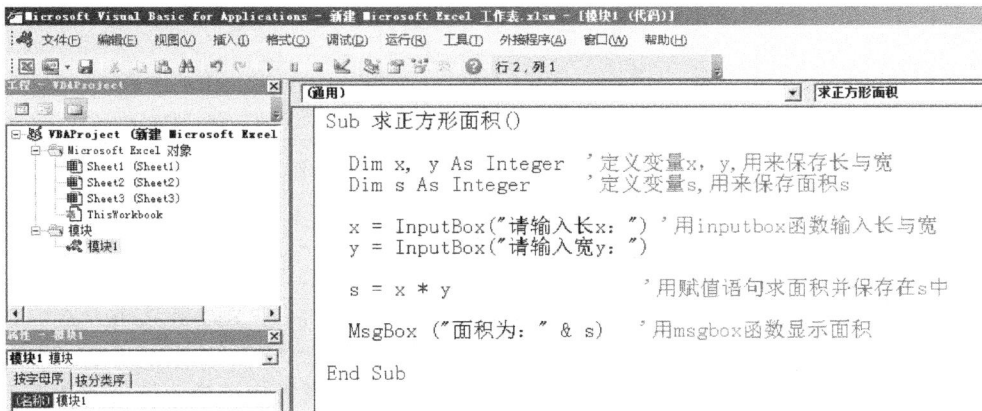

图 1-4　输入代码

（5）单击"运行"菜单,再单击"运行子过程/用户窗体"菜单。

（6）程序执行结果如图 1-5 所示。

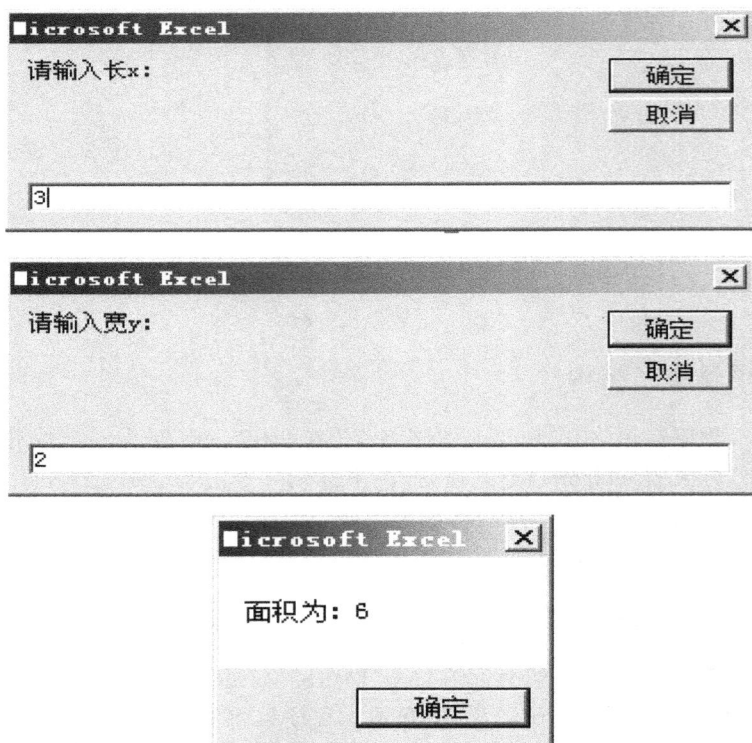

图 1-5　执行结果

那么上面提到的变量又是什么呢？变量其实就是计算机中某个内存单元。它们是用变量名来区分的,一个变量名就表示一块内存空间,比如本例中的 x、y、s 都是变量名,它们指向内存中三个存储空间,我们分别用它们保存长方形的长、宽与面积。在程序中,使用变量名,就是使用变量指向的那块存储空间,如图 1-6 所示。

内存空间

x	2
y	3
s	6
	⋮

图 1-6　内存空间

使用变量之前,应该先定义变量的类型,如 Dim s As Integer。Dim 是 VBA 的保留字,表示定义变量;s 是变量名;As Integer 也是保留字,表示变量作为什么类型,Integer 表示整数型。VBA 中还有字符型、浮点型等多种类型,在第 2 章中将详细介绍。显然,不同的数据类型占用的内存空间是不同的,所以,我们使用一个变量前,通常应该先定义变量的类型。

InputBox 函数用来接收我们输入的数据,例如 x＝InputBox("请输入长 x:"),执行这条语句时,会弹出一个输入窗口,当我们单击"确定"按钮后,该函数就会返回我们输入的数据。

"＝"在这里叫作赋值语句,它表示把右边的值放入左边变量指向的内存空间中去。

例如 s＝x ＊ y,这条语句先计算 x 乘 y,然后把结果放入变量 s 中。

& 是连接运算符,MsgBox（"面积为:"& s)表示把 s 连接到"面积为:"这个字符串后面,在第 2 章运算符中将详细介绍。

以单引号"'"开头的部分表示注释语句,它是为了方便程序员阅读程序,不会被 VBA 执行。

通过上面的例程,大家对如何与计算机交互有了初步认识,下面我们介绍一下 VBA 中常用的输入、输出方法。

1.2.5　VBA 中常用的输入、输出方法

1. VBA 中常用的输入方法

(1) InputBox 函数。用法见例 1-2。

(2) Excel 的单元格对象 cells(行号,列号)。

例如,想把当前工作表中 b2 单元格的数据赋值给变量 x,可以使用语句 x＝cells(2,2)。

(3) 使用文本框对象。文本框对象的用法将在第 8 章中详细介绍。

2. VBA 中常用的输出方法

(1) MsgBox 函数。用法见例 1-2。

(2) Excel 的单元格对象 cells(行号,列号)。

例如,想把变量 x 显示在当前工作表中的 b2 单元格,可以使用语句 cells(2,2)＝x。

(3) 使用文本框、标签等对象。这些对象的用法将在第 8 章中详细介绍。

(4) 使用立即窗口。在 VBA 编辑器中有一个立即窗口,可以通过选择"菜单视图/立即窗口"打开它。打开立即窗口后,就可以用 debug. print 语句在立即窗口中显示信息。例如"debug. print "x＝";x"。

1.3　使用 Visual Basic 编辑器

在 Visual Basic 编辑器中,有很多窗口,并且同时位于 Visual Basic 编辑器中。在默认设置下,启动 Visual Basic 编辑器时有两个窗口,分别为工程资源管理器窗口和属性窗口。在 Visual Basic 中还有代码窗口、对象浏览器窗口、立即窗口、本地窗口、监视窗口等,本节将详细介绍这些窗口的功能及应用。

1.3.1　使用代码窗口

代码窗口用于编写、显示及编辑 Visual Basic 代码。打开各模块的代码窗口后,可以查看不同窗体、模块、工作簿、工作表、窗体控件中对应的代码,并且在它们之间进行复制及粘贴等操作。代码窗口中包含标题栏、"对象"下拉列表框、"过程/事件"下拉列表框、代码编辑区等,其名称与窗口对应关系如图 1-7 所示。

默认设置中,代码窗口通常不会显示。在 Visual Basic 编辑器中有两种方法打开代码窗口。

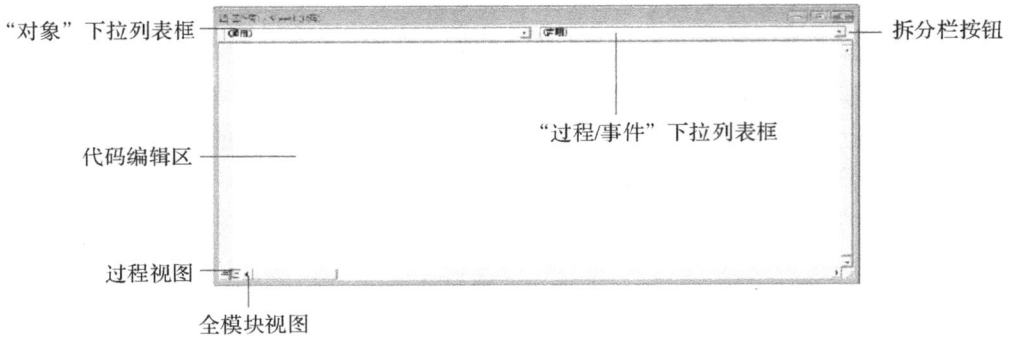

"对象"下拉列表框 ——

拆分栏按钮

"过程/事件"下拉列表框

代码编辑区 ——

过程视图

全模块视图

图 1-7　代码窗口

（1）选择 Visual Basic 编辑器菜单栏中的"视图"→"代码窗口"命令，即可弹出代码窗口。

（2）双击工程资源管理器中的模块或 Excel 对象，或单击鼠标右键选中某一模块或对象，弹出如图 1-8 所示的快捷菜单，选中"查看代码"命令。

　　查看代码(O)
　　查看对象(B)

　　VBAProject 属性(E)...

　　插入(N)　　　　　　▶

　　导入文件(I)...

　　导出文件(E)...

　　移除 Sheet1(R)...

　　打印(P)...

✓　可连接的(K)

　　隐藏(H)

图 1-8　查看代码

　　在代码窗口中，"对象"下拉列表框用于显示所选对象的名称，单击"对象"下拉列表框右侧的下拉三角按钮 ▼，可浏览此窗体中的所有对象；"过程/事件"下拉列表框显示出当前对象所具有的全部事件，当选择一个事件后，代码编辑窗口会显示所有与此事件相关的程序代码，如图 1-9 所示。选择 Open 事件，代码编辑窗口会显示与 Open 事件对应的程序代码。

　　拆分栏可以将同一个过程的代码，在两个不同的窗口中显示。对于浏览过程比较长的代码，可以在同一时间将其分别显示在不同的窗口中便于查看分析。在使用过程中，将"拆分栏"按钮向下拖放或双击"拆分栏"按钮可以将代码编辑区分为两个编辑区。每个编辑区中都有各自的滚动条，同一时间只有一个编辑区获取焦点，运行程序时，以当前拥有焦点的编辑区代码为准。将拆分栏拖放到窗口的顶部或底部，或者再次双击拆分栏，可以关闭一个编辑区，留下一个编辑区。

　　编辑窗口左侧的灰色区域会显示边界标识，在编辑代码期间，页边距指示区可提供一些视觉上的帮助。在代码窗口的左下角有两个图标，分别为"过程查看"图标和"全模块查

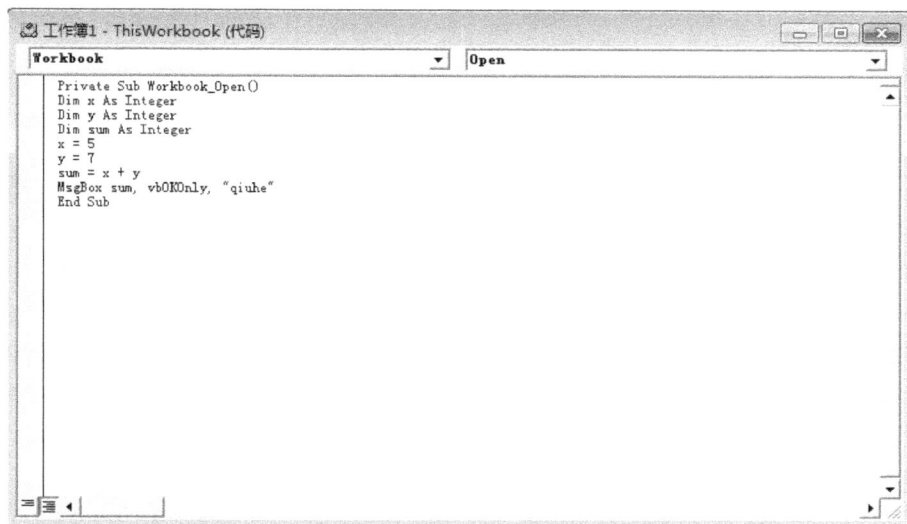

图 1-9　Open 事件对应代码

看"图标。其中,"过程查看"图标指示所选的过程,并且在同一时间只能在代码窗口中显示所选的一个过程;"全模块查看"方式将会显示该模块内的所有代码。

1.3.2　使用对象浏览器

在对象浏览器中可以查看工程中所有可获得的对象,并可查看此对象的属性、方法及事件。一个工程中经常会引用对象库中的过程及常数,在对象浏览器中可以查看此类过程和常数,也可以搜索和使用用户创建的对象,还可以查看其他应用程序的对象。选择"视图"→"对象浏览器"命令,就可以打开如图 1-10 所示的对象浏览器。

图 1-10　对象浏览器

在对象浏览器窗口中,可以运用其查找功能,提取用户需要的对象信息;在对象浏览器的底部是对象说明信息,当用户选择类或成员列表中的某一列表项时,在底部的信息框中会显示该对象或成员的相关说明信息。搜索对象帮助信息的操作步骤如下。

(1) 在对象浏览器的"搜索"文本框中输入需要的对象名。

(2) 单击"搜索文本框"右侧的"查找"按钮 🏔,就会在类列表中显示所需的对象及属性,"查找"按钮的右侧是"显示/隐藏"按钮 ⌄,单击此按钮可以显示或隐藏搜索结果。

例如,查找 Excel 中对象 Application,其操作步骤如下。

(1) 单击"工程/库"右侧的下拉三角按钮 ▼,在下拉列表框中,选择"Excel"列表项。

(2) 在"搜索"文本框中输入 Application 后,单击"查找"按钮 🏔,弹出如图 1-11 所示的查询结果。

(3) 选择相应列表项即可获取相关的信息。

图 1-11　查找 Application 信息

1.3.3　使用立即窗口

立即窗口有一项功能类似于 Windows 操作系统中的命令行窗口,在其输入 VBA 指令后按"Enter"键就可直接执行,并且在 VBA 窗口中可以查看程序执行过程中的中间计算结果,也可以将程序的计算结果输出到立即窗口中。默认设置中,立即窗口不会显示。打开立即窗口的操作步骤如下。

(1) 选择"视图"→"立即窗口"命令,弹出如图 1-12 所示的立即窗口。

(2) 在立即窗口中查看变量的中间计算结果,首先需要在所要查看变量的下一语句前设置断点,然后执行程序,待到程序执行至断点处暂停时,在立即窗口中输入"? 变量名或表达式",按下"Enter"键,在立即窗口中将显示变量或表达式的值。

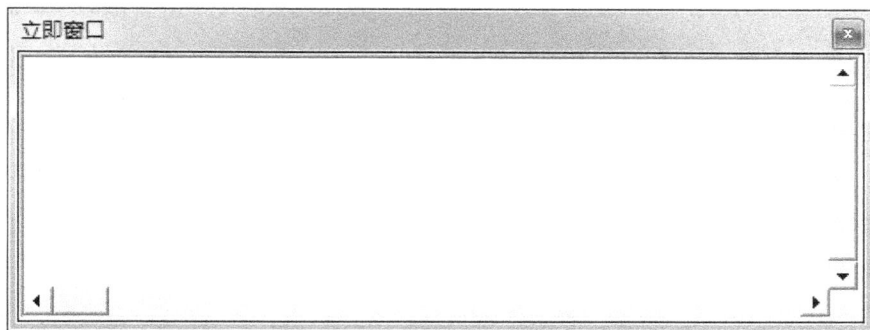

图 1-12　立即窗口

在 Visual Basic 编辑器中的代码窗口中,录入如图 1-13 所示的代码。其操作步骤如下。

(1) 在代码窗口中将光标定位于 MsgBox 语句。

(2) 在 Visual Basic 编辑器中,选择"调试"→"切换断点"命令,在如图 1-13 所示代码窗口的 MsgBox 语句前多了一个红点❦,此红点就表示断点。

图 1-13　断点

(3) 单击标准工具栏上的"运行"按钮 ▶ 。

(4) 选择"视图"→"立即窗口"命令,在弹出的立即窗口中输入"? sum",按下"Enter"键。sum 值如图 1-14 所示。

图 1-14　查看 sum 值

1.3.4　使用本地窗口

本地窗口的主要用途是调试程序。当程序代码编辑完成之后,在调试程序的过程中,本地窗口可自动显示出所有在当前过程中的变量声明及变量值。如果本地窗口可见,每当从执行方式切换到中断模式时,本地窗口就会自动重建,其中的变量声明及变量值会重新刷新一次。

选择"视图"→"本地窗口"命令,即弹出如图 1-15 所示的本地窗口,它包含了"调用堆栈"按钮和表达式相关信息列表。表达式相关信息列表中包括了"表达式"、"值"、"类型"3列,分别用于显示表达式的构成、数值和数据类型。

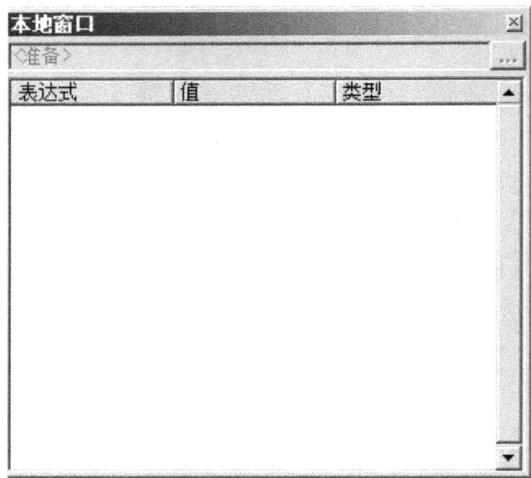

图 1-15　本地窗口

表达式一列显示的是表达式的名称。列表中的第 1 个变量能以树形目录形式显示所有模块层次变量,对于类模块变量,会定义一个系统变量＜Me＞;对于常规模块,显示的是当前模块的模块名称;拥有子变量的变量单击其左侧的"⊞"标签可以将其子变量展开,同时原来的"⊞"标签变为"⊟"标签;单击"⊟"标签,子变量将被折叠,同时"⊟"标签变为"⊞"标签。值一列显示的是本行表达式的值,所有的数值变量都有一个值,而字符串类型的变量可以是空值。类型一列显示的是变量的数据类型。

1.3.5　使用监视窗口

监视窗口是调试程序时的得力工具,本地窗口仅能显示本模块内部的局部变量,并且不能编辑表达式,不能由用户随意查看自己所需要的表达式的值。在监视窗口中用户可以根据需要添加监视表达式,当添加监视表达式后,监视窗口就会显示相应的表达式的值。

在 Visual Basic 编辑器中,选择"视图"菜单,在弹出的下拉菜单中选择"监视窗口"命令,弹出如图 1-16 所示的监视窗口。监视窗口包含了"表达式"、"值"、"类型"、"上下文"4列。其中,表达式是用户输入的需要监视其值的表达式;值是程序由运行状态切换成中断模式时监视表达式的值;类型是所添加的表达式的类型;上下文值是表达式所在模块。

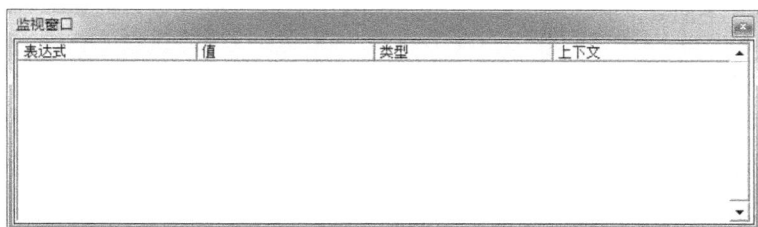

图 1-16　监视窗口

1.3.6　属性窗口

属性窗口的主要功能是显示所选择对象的所有属性信息,在程序设计过程中可以根据需要设置属性的值,当前正在编辑的属性会以蓝底白字高亮显示;如果在用户设计的窗体中选择了多个控件,属性窗口会列出所有被选择控件的全部属性。

在默认设置中,属性窗口是显示的,如果其没有显示,可选择"视图/属性窗口"菜单,即可显示如图 1-17 所示的属性窗口。属性窗口中包含了"对象"下拉列表框和属性列表。"对象"下拉列表框中显示的是当前所选的对象,如果同时选取了多个对象,"对象"下拉列表框将显示第 1 个选择的对象,但属性列表会显示所有对象的属性。

属性列表的显示分为按字母顺序显示和按分类显示,在属性列表上分别有"按字母序"选项卡和"按分类序"选项卡,可根据需要选取显示的方式。按字母序是按字母顺序显示当前对象的所有属性,选择属性名后可直接输入或直接设定其值。按分类序是按对象所具有的性质将其属性进行分类,例如对于窗体对象而言,其属性可以分为外观类、行为类、图片类、位置类、滚动类等,单击类别前的"⊞"或"⊟"可以展开或折叠类别内部属性。此种显示方式可以在开发程序时,为设置属性提供方便。

1.3.7　使用工程资源管理器

工程资源管理器是以分层列表的形式显示当前工程中的所有对象及被该工程所引用的所有工程。使用工程资源管理器可以显示浏览当前工程的所有 Microsoft Excel 对象、窗体、模块等。选择"视图"菜单,弹出下拉菜单,单击其中的工程资源管理器,即可打开如图 1-18所示的"工程-VBAProject"窗口。

在工程资源管理器窗口上有 3 个按钮,分别为"查看代码"、"查看对象"、"切换文件夹",

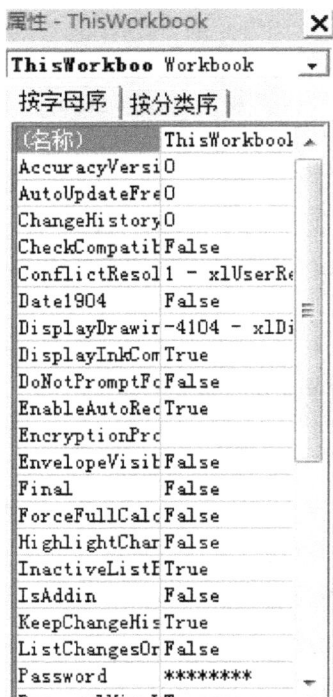

图 1-17　属性窗口

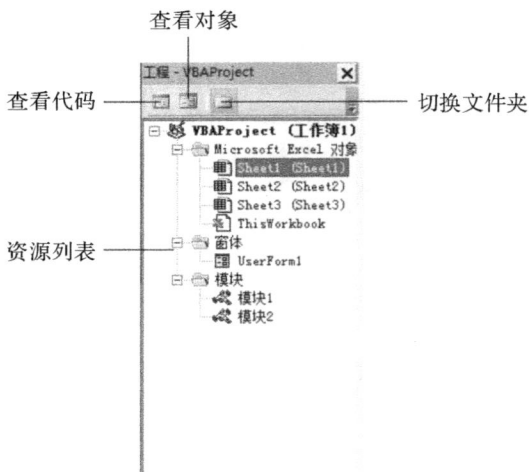

图 1-18　工程-VBAProject 窗口

在工程资源管理器中，首先选择一个对象，单击"查看代码"，可以查看该对象所对应的代码。若单击"查看对象"按钮，如果选择的对象是 Microsoft Excel 对象或模块对象，则会在代码窗口中显示该对象所对应的代码；如果选择的对象是窗体，则会显示如图 1-19 所示的窗体设计窗口。单击"切换文件夹"按钮可在不同文件夹之间转换。

图 1-19　窗体设计窗口

在资源列表中，Microsofe Excel 对象文件夹下列出了所有打开的工作表（Sheet1、Sheet2 等）对象和工作簿（This Workbook）对象，不同的程序代码存入不同的对象中，例如工作表事件代码存入工作表对象中，为工作簿设计的代码放入工作簿对象中。

窗体文件夹下列出了用户设计的所有窗体，其作用是构成用户界面，而用户设计的窗体和控件事件程序都会保存在窗体中。模块主要是开发者用于存放程序代码的，除了窗体、控件、工作簿、工作表对象的程序代码外，所有的程序代码都保存在模式块中，例如宏的代码就存放在模块中。类模块允许开发者创建对象。

调试简单的程序时，在工程资源管理器窗口中的任意位置单击鼠标右键，在弹出的快捷菜单中选择"插入"命令，弹出下一级快捷菜单，选择其中的"模块"命令，可插入模块，同时弹出代码窗口，可在其中编辑代码进行程序调试。

为方便使用，可以更改模块名：在工程资源管理器中，单击需要更名的模块（如模块 1），按下"F4"键，弹出如图 1-20 所示的属性窗口；将光标定位于属性窗口中"名称"列表后面，删除"模块 1"，输入新模块名，完成更改模块名。

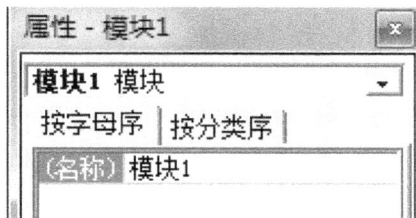

图 1-20　属性窗口

当不再需要某一模块时，可将其移除。在工程资源管理器中用鼠标右键单击需要移除的模块，在弹出的快捷菜单中选择"移除模块 1"命令，弹出如图 1-21 所示的对话框，单击"否"按钮，即可将该模块彻底删除。

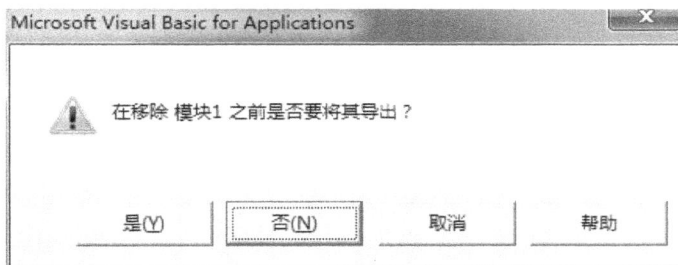

图 1-21　移除模块提示信息

1.4　调试 VBA 程序

一个程序编写完成以后，需要试运行，以确认程序的正确性。初步编写的程序在逻辑上或语法上可能存在不合要求的方面，所以需要调试程序，填补程序的各个漏洞。本节将介绍调试 VBA 程序的方法。

1.4.1　使用调试工具栏

调试工具栏是调试过程中必备的调试工具，使用调试工具栏可以运行程序、暂停程序执行、设置断点、重置工程、逐语句执行、逐过程执行，同时对于调试过程中所需的各种辅助窗口提供相关的链接按钮。

默认设置中，调试工具栏不会显示。有两种方法可显示调试工具栏。

（1）选择"视图"→"工具栏"→"调试"命令,弹出调试工具栏对话框。

（2）用鼠标右键单击工具栏位置,弹出如图 1-22 所示的快捷菜单,选择其中的"调试"菜单项即可。调试工具栏如图 1-23 所示。

图 1-22　工具栏

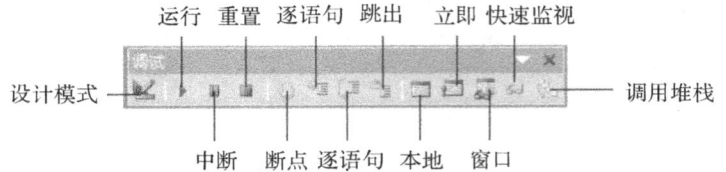

图 1-23　调试工具栏

在调试工具栏中,"设计模式"是一种状态,即工程中的过程代码不能执行且来源于主应用程序或工程中的事件不执行的时候。单击此按钮可在设计模式状态与正常状态之间转换。"运行"按钮是指运行过程和窗体或运行宏。如果指针在一个过程中,则运行当前过程;如果当前有处理激活状态的窗体,则运行窗体;如果既没有过程也没有窗体,则运行宏。"中断"是使正在运行的程序暂停执行。

"重置"按钮用于重置工程,清除当前堆栈及模块级变量。"逐语句"按钮是指程序运行时,以语句为执行单位,一次执行一条语句。"逐过程"按钮是指程序运行时,以过程为单位,一次执行一个过程。"跳出"按钮是指跳出当前正在运行的过程,执行后续的程序。单击"本地窗口"、"立即窗口"、"监视窗口"按钮,可分别显示本地窗口、立即窗口、监视窗口。

"快速监视"按钮用于快速获取当前所选定的表达式的值。"调用堆栈"按钮用于显示"调用"对话框,在其中可列出当前已开始运行但尚未完成的过程的调用。在调试工具栏关闭按钮的左侧有个工具栏选项按钮 ，其可设置调试工具栏中显示的按钮数目。

（1）单击工具栏上的选项按钮,弹出下拉菜单。

（2）在下拉菜单中选择"添加或删除按钮"→"调试"命令,弹出如图 1-24 所示快捷菜单,选择相应的菜单项,添加或取消菜单项前的"√"即可。

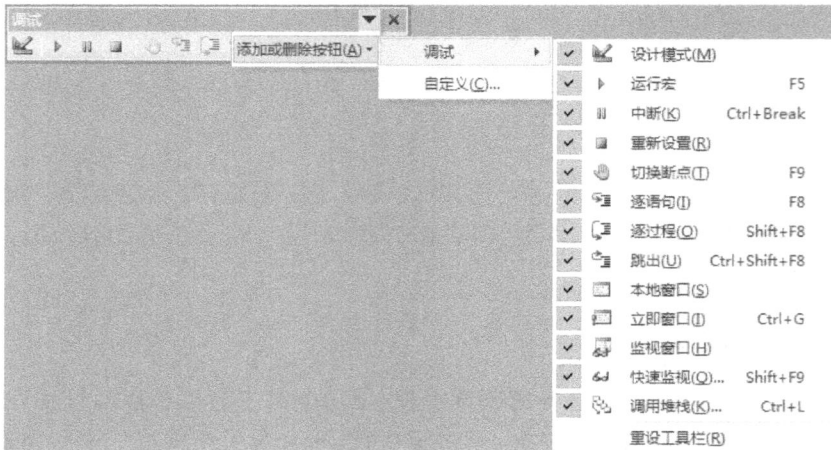

图 1-24　添加或删除调试工具栏按钮

1.4.2　设置断点

当用户估计到程序某一处可能出错时,可在容易出错的语句的前一条语句处设置一个断点,待程序运行到此断点处,可逐语句运行程序,通过本地窗口和监视窗口查看变量中的值是否符合实际要求。在不需要断点时,可将断点从程序中清除。本节将介绍断点设置操作。在程序中添加断点需要按下述步骤操作:

(1) 将光标定位于需要设置断点的程序行。

(2) 选择“调试”命令后,弹出下拉菜单。

(3) 在下拉菜单中选择其中的“切换断点”选项,光标所在行的代码颜色变成与断点相同的色彩,突出显示。

当程序调试通过或不再需要断点时,可清除断点,删除单个断点可按下述步骤操作:

(1) 将光标定位于断点所在行。

(2) 单击调试工具栏上的“中断”按钮。此时,光标所在代码行的断点消失,并且代码的字体颜色恢复正常。

如果要删除程序中所有断点,则只需在“调试”菜单中选择“清除所有断点”命令即可。

1.5　习　题

1. 简答题

(1) 什么是程序?

(2) 变量的作用是什么?

(3) 常用的输入方法有哪些?

(4) 常用的输出方法有哪些?

(5) 简述编写与运行一个 Excel VBA 程序的过程。

2. 编程题

(1) 编写程序,任意输入长、宽、高,求长方体的体积。

(2) 编写程序,任意输入秒,转换为时:分:秒。

说明:取整数函数 int()。例如,int(3/2) 结果为 1。

第 2 章

VBA 语言基础

在学习编写 VBA 程序前,需要掌握 Excel VBA 中的标识、变量、常量、运算符、VBA 的内置函数以及 VBA 的对象属性方法等基础知识。本章主要讲解 VBA 的语法基础知识,包含很多知识点,需要读者牢记并理解重要的概念,如常量、变量、标识符,以及重要的 VBA 内置函数和 VBA 对象的属性方法。

重点:标识符,常量,变量,运算法。

难点:VBA 的内置函数,VBA 的对象属性方法。

2.1 标识符

在这一节中,要解决以下几个问题:①什么是标识符? ②Excel VBA 编程为什么需要标识符? ③Excel VBA 中标识符的命名规则是什么?

【例 2-1】 使用 Excel VBA 编写一个程序,该程序的功能是计算圆的面积。

解析 首先,要清楚程序是什么。程序就是编程人员用特定的计算机语言,比如 Excel VBA,将解决某种问题的方法和过程描述出来,以便计算机能够理解和执行。其次,要清楚解决某个问题的方法和过程,比如,如何计算圆的面积。要计算圆的面积,需要知道计算圆面积的公式,汉语的描述形式为"圆面积=圆周率×半径的平方",符号化的描述形式为"$S=\pi \times r^2$"。圆面积、圆周率、半径、S、π、r 都属于标识符,简单地说,标识符就是数据的符号表示形式,具体语言对标识符的命名规则有所不同。下面给出 Excel VBA 标识符的定义、Excel VBA 标识符的命名规则。

2.1.1 标志符的定义

标识符是一种标识变量、常量、过程、函数、类等语言构成单位的符号,利用它可以完成对变量、常量、过程、函数、类等的引用。

VBA 标识符分为两种:一种是用户指定的标识符;另一种是系统保留的标识符,称为关键字或保留字。

2.1.2　标志符的命名规则

1. 用户指定的标志符的命名规则

（1）由字母或汉字开头，后面接字母、汉字、数字或下划线组成，如 X、Y_1、XT 张三等。

（2）标识符长度不能超过 255 个字符。

（3）不能与 VBA 的保留字同名，如 Public、Private、Dim、Goto、Next、With、Integer、Single 等。

2. 关键字

关键字也称为保留字，是系统定义的代表特殊含义的标识符。VBA 2010 中共有 42 个关键字，如表 2-1 所示。

表 2-1　VBA 2010 中关键字

As	Binary	Byref	ByVal	Else	Date	Empty
Error	False	For	Get	Input	Friend	Is
Len	Let	Lock	Mid	New	Me	Next
Nothing	Null	On	Optionnal	Param Array	Option	Print
Private	Property	Public	Seek	Set	Resume	Static
Step	String	Then	To	True	Time	With Events

【例 2-2】　说一说下列哪些是合法的用户自定义标识符。

_abc，　　　a123，　　　123abc，　　　程序 1，　　　if，　　　sub，　　　sub1

abc $ ，　　　a_123，　　　123_a，　　　if_abc，　　　%abc，　　　程序_2

解析　合法的用户自定义标识符有：a123，程序 1，sub1，a_123，if_abc，程序_2。

其他都不是合法的自定义标识符，其中_abc 中下划线不能作为开始符，123abc 中数字不能作为开始符，if 和 sub 是 VBA 关键字，abc $ 中的 $ 不是有效符号，123_a 中数字不能作为开始符，%abc 中的%不是有效符号。

2.2　VBA 的数据类型

2.2.1　数据类型

程序设计中，"类型"是对数据的抽象。类型相同的数据有相同的表达形式、存储格式及相关操作。不同类型的数据的存储长度和格式不同，当定义一个变量时，计算机根据变量的类型分配存储空间。

VBA 共有 12 种基本数据类型，具体如表 2-2 所示。此外，用户还可以根据表中的类型用 Type 语句自定义数据类型。

表 2-2　数据类型

数据类型	类型标识符	字节
字符串型 String	$	字符长度(0～65400)
字节型 Byte		1
布尔型 Boolean		2
整数型 Integer	%	2
长整数型 Long	&	4
单精度型 Single	!	4 float 的范围为 $-2^{-128} \sim +2^{-128}$ 也即$-3.40E+38\sim+3.40E+38$
双精度型 Double	#	8 double 的范围为 $-2^{-1024} \sim +2^{-1024}$ $1.79E+308\sim+1.79E+308$

日期型 Date		8
		#d/m/y #
		Format(#2/15/2016#,"yy/mm/dd")

货币型 Currency	@	8 做定点运算
小数点型 Decimal		14 精度高,但性能差(慢)
变体型 Variant		以上任意类型,可变变量定义的一种变体类型 意思是:我现在定义了这个变量,但并不确定将来对它赋予什么类型来操作,所以就先暂时向内存借一个位置(空间)放下变量,等将来实际操作的时候动态地根据需要为该变量赋予相应类型
对象型 Object		4

2.2.2　自定义数据类型

使用 Type 语句自定义数据类型的语法格式:

[Private | Public] Type varName
　elementName [([subscripts])] As type
　[elementName [([subscripts])] As type]…
End Type

说明:

Public:可选的,用于声明可在所有工程的所有模块的任何过程中使用的用户定义类型。

Private:可选的,用于声明只能在包含该声明的模块中使用的用户自定义类型。

varName:必需的,用户自定义类型的名称,遵循标准的变量命名约定。

elementName:必需的,用户自定义类型的元素名称。除了可以使用的关键字,元素名称也应遵循标准变量命名约定。

subscripts：可选的，数组元素的维数。

Type：必需的，元素的数据类型。

【例 2-3】　自定义一个数据类型 student，包含学生姓名、学号、年龄信息。

```
Type student
    姓名 as String
    学号 as String
    年龄 as Integer
End Type
```

注意　自定义类型必须在模块中进行定义，不能在用户窗口或其他对象所对应的编程窗口中定义。

2.2.3　数据类型的使用

在声明变量、定义符号常量以及定义函数时需要使用数据类型，对于变量、常量的定义请查看第 2.3 节。

2.3　变量与常量

在这一节中，要解决以下几个问题：

（1）什么是变量，什么是常量？

（2）在 VBA 中，如何表示常量和变量？

【问题情境 1】　一辆汽车以 60km/h 的速度匀速行驶，行驶里程为 s km，行驶时间为 t h。

解析　首先，可以根据题意填写表 2-3。

表 2-3　时间与路程关系

t/h	1	2	3	4	5	6
s/km	60	120	180	240	300	360

接着，试着写成一个数学式子：

$$s = 60 \times t$$

这里的 t 和 s 就是变量，因为在汽车行驶过程中 t 和 s 的值发生了变化，而行驶速度是一个常量，即 60km/h。这里的数学式子中，速度这个量直接用数值 60 来表示，当然也可以用一个符号来表示，比如 v。这时，行驶里程的数学式子可以改写成 $s = v \times t$，由于汽车在行驶过程中速度不变，因此 v 是一个常量。直接用数值表示的常量称为值常量，用符号表示的常量称为符号常量。

【问题情境 2】　在一根弹簧的下端挂重物，改变并记录重物的质量，观察并记录弹簧长度的变化，探索它们的变化规律。弹簧原长 10cm，每增加 1kg 重物弹簧伸长 0.5cm。

解析　首先，可以根据题意填写表 2-4。

表 2-4 重量与长度关系

m/kg	1	2	3	4	5	6
L/cm	10.5	11	11.5	12	12.5	13

接着,试着写成一个数学式子:

$$L = 10 + 0.5 \times m$$

在实验过程中,重物的质量和弹簧的长度在发生变化,所以 m 和 L 是变量;而弹簧的原长 10cm 以及每增加 1kg 重物弹簧伸长 0.5cm 的比例关系没有发生改变,因此,弹簧原长和每增加 1kg 重物弹簧伸长 0.5cm 的比例关系是常量,这里是用值常量进行表示的,同样也可以用符号常量进行表示。

2.3.1 常量的定义与表示

1. 常量的定义

常量是程序运行过程中值固定的量。常量可分为值常量和符号常量。值常量是通过字面就能看出其内容和大小的,比如 60、10、0.5。符号常量是用一个标识符来表示的,比如问题情境 1 中的 v,再比如在计算圆面积时使用的圆周率,可以使用值常量(如 3.14)表示,也可以使用符号常量 π 来表示。常量根据其内容可以分为数值常量、字符串常量、逻辑型常量、日期型常量。

2. 常量的表示

(1)值常量。

值常量是指数据本身,包括数值常量、字符串常量、逻辑型常量、日期型常量等。

数值常量是指数学领域中的数字,如整型数、长整型数、定点数、浮点数等。

字符串常量是指用双引号括起来的量,只要加了双引号,其中的内容即可视为字符串常量,如"ABC"、"韶关学院"、"123"等。

逻辑型常量只有两个值:true(逻辑真)和 false(逻辑假)。

日期型常量是指前后加#号括起来的量,如 #2004-5-13#。

(2)符号常量。

符号常量是指用一个标识符来表示一个常量,称之为符号常量。符号常量在使用之前必须先定义。

定义格式:[Public|Private] Const name [As Type]=Expression

说明:

Public:可选的,用于声明可在所有工程的所有模块的任何过程中使用的符号常量。

Private:可选的,用于声明只能在包含该声明的模块中使用的符号常量。

Const:必选的,用于定义常量的关键字。

Name:必选的,符号常量标识符。

As Type:可选的,用于说明符号常量的类型。

例如,定义圆周率常量的语句为

Const π = 3.14159

2.3.2　变量的定义与声明

1. 变量的定义

变量是程序运行过程中值可以发生改变的量。变量采用标识符表示。比如问题情境 1 中的 t 和 s，问题情境 2 中的 m 和 L，它们分别是行驶时间、行驶里程、重物质量、弹簧长度这些变量的标识符。

在计算机中，一个变量对应一个存储数据的内存空间，因此可以说，变量是引用内存中某个存储空间的标识符。

根据存储的数据内容的不同，所要求的内存空间大小也是不一样的，因此，在使用变量之前，需要指定变量的类型。我们将这一操作称为变量的声明。

2. 变量的声明

变量的声明有两种类型：显式声明和隐式声明。显式声明主要有以下四种格式：

格式 1：Dim varName As Type　'定义局部变量

格式 2：Private varName As Type　'定义私有变量

格式 3：Public varName As Type　'定义公有、全局变量

格式 4：Static varName As Type　'定义静态变量

隐式声明就是代码中不给出声明语句，系统会自动将变量声明为变体类型（Variant 型）。采用这种声明方式时，当变量名输入错误以后系统不会给任何提示，只能自己查找。默认情况下，VBA 的隐式声明方式是开启的。如果要关闭隐式声明的功能，强行使用显式声明格式，在代码所在文档的第一行添加一条语句 Option Explicit 即可。

【例 2-4】　编写一个程序，采用隐式声明的方式将变量 varName 的值加 1，并输出计算结果，varname 初始值为 3。

解析　程序代码如图 2-1 所示。

```
Sub test()
    varname = 3
    varame = varname + 1
    Debug.Print varname

End Sub
```

图 2-1　程序代码

运行结果如图 2-2 所示。

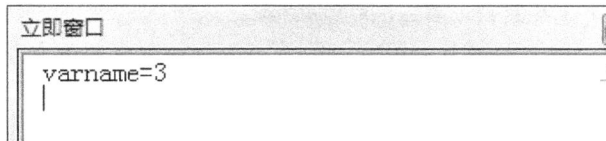

图 2-2　运行结果

【例 2-5】　编写一个程序，采用显式声明的方式将变量 varName 的值加 1，并输出计算结果，varName 初始值为 3。

解析 程序代码如图 2-3 所示。

```
Option Explicit
Sub test()
    Dim varname As Integer
    varname = 3
    varame = varname + 1
    Debug.Print varname

End Sub
```

图 2-3　程序代码

运行结果如图 2-4 所示。

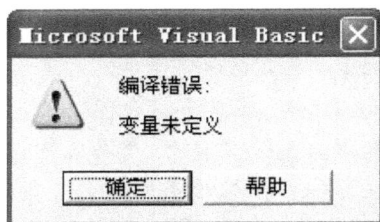

图 2-4　运行结果

说明 在例 2-4 中输出了错误的结果,原因是变量名输入错误,但系统没有给出提示。而在例 2-5 中系统给出了错误提示。

使用声明变量的注意事项:

①Dim a,b,c As Integer 是错误的,本意是将 a,b,c 都声明为 Integer,但实际上只有 c 被声明为 Integer,而 a,b 缺省为 Variant(可变)类型。

②使用不带 As 的 Dim 语句,会被声明成 Variant(可变)类型的变量。

③对于声明为 boolean 型的变量,其缺省值为 False。

(3)变量的赋值。

变量(变量名)相当于一个容器,而变量的值等价于容量中所装的东西。在 VBA 中使用赋值运算符(＝)实现赋值,将赋值运算符右边的表达式的值赋值给赋值运算符左边的变量。赋值格式如下:

varName＝Expression

给变量赋值的注意事项:

①左边是变量名,右边为表达式,不能相反,表达式可为变量、常量、表达式、函数等。

②在使用变量时,必须遵循"先声明,后使用"的原则,即在给变量赋值或在变量参与运算之前必须先对变量进行声明。

③对声明为 Date 类型的变量赋值时,日期值应放在一对 ♯ 之间,且多种日期和时间格式在 VBA 中都是有效的。例如,date1 = ♯ 1 - 10 - 98 ♯ , date2 = ♯ 10 - 1 - 98 12: 20am♯ 。

(4)VBA 变量的作用域和生存期。

变量的作用域是指有效作用范围,也就是变量可以被访问的范围。变量的生存期是指

VBA 保存该变量值的时间,是变量在整个程序运行过程中的有效生存时间。

①过程变量是指在过程或函数内部定义的变量,这种变量无论是用 Dim 还是 Static 声明,其作用域只是该过程或函数,在过程或函数外不能应用。因此,在不同的过程或函数中可以存在相同名字的变量。但生存期不一样,用 Dim 声明变量时,它的生存随着包含它的过程或函数的运行终止而终止;用 Static 声明的变量,其生存期为整个程序,在包含它的过程或函数再次被调用时,VBA 将不会再次对它初始化,其值为上次过程或函数调用完成后的值。

②窗体层变量是指在窗体的通用部分声明的变量,即不是在任何一个窗体内的过程或函数中声明的变量,它的作用范围至少是窗体的存在范围,即在窗体内的每个过程或函数中都可以使用窗体层变量,可以用 Dim、Private、Public 声明。对于用 Dim 和 Private 声明的窗体层变量,其作用范围都是在当前窗体范围内;用 Public 声明的窗体变量作为窗体公用数据成员,作用范围可以大于当前窗体范围,引用方式是"窗体名.变量名"。

模块层变量是指模块通用部分用 Dim、Private、Public 声明的变量。用 Dim、Private 声明的模块层变量作用域为其所在模块范围;用 Public 声明的模块层变量可以全局使用,引用方式是"模块名.变量名"。

2.3.3　变量的存取

计算机的五大部件为控制器、运算器、存储器、输入设备和输出设备,如图 2-5 所示。存储器分为内存储器(简称内存)和外存储器(简称外存),运算器从内存中取数,然后进行运算,运算的结果存入内存。内存的硬件形式,如图 2-6 所示。

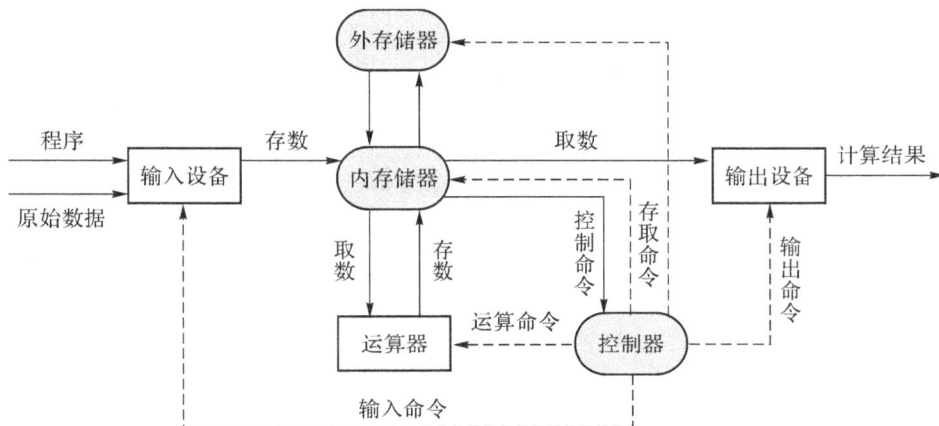

图 2-5　计算机工作原理

根据数据内容的不同,数据所占用的内存空间大小不一样。衡量内存中存储空间大小的单位是位(bit)和字节(byte)。位是内存中的最小存储单位,1 位能存储 1 个二进制数 0 或 1;字节是内存中的基本存储单位,1 字节能存储 8 个二进制数,即 1byte=8bit,一个字节称为一个存储单元。内存中存储单元的结构如图 2-7 所示。存储内容不同,所需要占用的存储单元个数也不同,比如整数需要 2 个存储单元,长整型需要 4 个存储单元等。

下面通过一个汽车行驶的例子来展示计算机的工作原理。汽车以 60km/h 的速度匀速行驶,行驶里程为 s km,行驶时间为 t h。

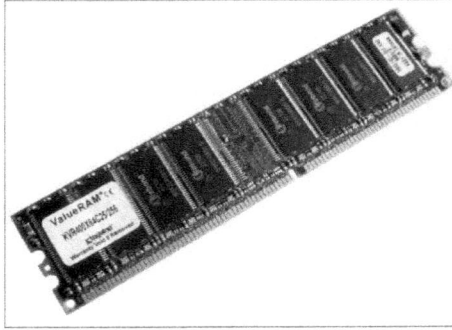

图 2-6　内存条

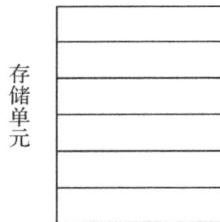

图 2-7　存储单元

解析　首先,通过 Dim t As Integer, s As Integer 语句,申请两块内存空间,因为类型都为 Integer,所以每块内存空间都占两个存储单元。然后分别用标识符 t、s 对这两块内存空间进行标识,从图 2-8 可以看出,申请的两块内存空间可能不是连续的。

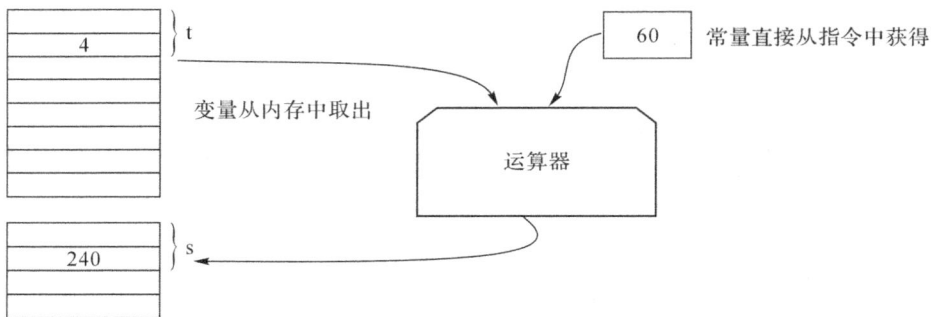

图 2-8　变量存取

其次,通过 t=4 这条语句,将 4 存放在 t 所对应的内存空间中。

运算器从乘法指令中得到常数 60,并从 t 所对应的内存空间中取出 t 的值,进行乘法运算,并将运算结果存入变量 s 所对应的内存空间中。

最后,通过 debug.print s 语句将 s 所对应的内存中的内容显示出来。

2.4　VBA 的运算符

运算符是代表 VBA 处理某种运算功能的符号,它是构成表达式的连接符号。运算符可以根据它所作用的操作数的个数分为一元运算符和二元运算符。作用于一个操作数上的运算符称为一元运算符,如－2、not 1,实现对操作数 2 取负数,对操作数 1 取反;作用于两个操作数上的运算符称为二元运算符,如 1＋2,实现对两个操作数求和。

运算符还可以根据其实现的功能分为算术运算符、赋值运算符、连接运算符、逻辑运算符和比较运算符等。下面介绍各种运算符的概念及其使用方法。

2.4.1　算术运算符

算术运算符是指用来进行数值运算的符号。VBA 中的算术运算符有加(＋)、减(－)、乘(＊)、除(/)、幂(^)、取商(\)、取余(Mod)、取负数(－)。下面按照优先级顺序给出各种算术运算符的使用示例,如表 2-5 所示。

表 2-5　算术运算符的种类及使用

优先级	算术运算符	作用	示例	运算结果
1	^	幂	4^3	64
2	－	取负数	－4^3	－64
3	＊	乘	4＊3	12
4	/	除	4/3	1.3333
5	\	取商	4\3	1
6	Mod	取余	4 Mod 3	1
7	＋	加	4＋3	7
8	－	减	4－3	1

2.4.2　赋值运算符

赋值运算符(＝)用来给变量或对象的属性赋值。例如,x＝1,将 1 赋值给变量 x。

2.4.3　连接运算符

VBA 连接运算符有两种:& 和＋。对两种连接运算符的说明如表 2-6 所示。

表 2-6　连接运算符的种类及示例

连接运算符符号	作用	示例	结果	说明
&	强制将两个表达式连接为字符串	MyStr = " Check " & 123	Check 123	首选"&"符号作为连接运算符
＋	连接两个字符串	Mystr = " 123 " ＋"456"	123456	只有当运算符"＋"的两个操作数都为字符串时,其作用为连接;其他时候作加法运算
		Mynumber＝"123"＋456	579	

2.4.4　逻辑运算符

逻辑运算符用来执行表达式之间的逻辑操作，判断运算时的真假，其执行结果为 Boolean 型，即为 True 或 False。常见的逻辑运算符有逻辑非(not)、逻辑与(and)、逻辑或(or)。逻辑运算符的优先级及示例如表 2-7 所示。

表 2-7　常用逻辑运算符及示例

优先级	算术运算符	作用	示例	运算结果
1	not	逻辑非	not 4>3	False
2	and	逻辑与	4>3 and 5<4	False
3	or	逻辑或	4>3 or 5<4	True

2.4.5　比较运算符

比较运算符用来表示两个或多个值或表达式之间的关系，包括等于(=)、不等于(<>)、大于(>)、小于(<)、大于等于(>=)、小于等于(<=)。用比较运算符连接起来的表达式称为关系表达式，其结果为一个 Boolean 型数据，即 True 或 False。如果关系表达式成立，则其逻辑值为 True，否则为 False。常用比较运算符的种类及示例如表 2-8 所示。

表 2-8　常用比较运算法的种类及示例

算术运算符	作用	示例	运算结果
<	小于	4<3	False
<=	小于等于	4<=3	False
>	大于	4>3	True
>=	大于等于	4>=3	True
<>	不等于	4<>3	True
=	等于	4=3	False

2.4.6　表达式及其值

表达式是由数字、算符、数字分组符号(括号)、变量等以能求得结果的有意义排列方法所得的组合。

【例 2-6】　设 $a=8,b=10$，以下哪些是表达式，哪些不是表达式？如果是表达式，则写出表达式的结果。

(1)(a>b)or(b>0)

(2)a

(3)a+b

(4)a+b+c

(5)not((a+b)>(a-b))

(6)dim x as integer

(7)6＋10 Mod 4 * 2＋1

解析　(1),(2),(3),(5),(7)是表达式,其结果分别为:true,8,18,false,9;(4)不是表达式,因为 c 没有定义,不能得出其运算结果;(6)是一个变量声明语句,不是表达式。

注意　一个表达式中出现多种运算符时,其运算顺序为:先算术,后关系,再逻辑,有括号的先进行括号内的运算。

2.5　VBA 的内部函数

函数相当于数学中的函数,比如 $z=f(x,y)$,z 相当于函数 $f()$ 的返回值,x 和 y 相当于函数 $f()$ 的两个参数。在 VBA 程序语言中有许多内置函数,可以帮助设计程序代码和减少代码的编写工作。

下面介绍几种常用的 VBA 内置函数。

2.5.1　输入、输出函数

1.输入对话框函数 InputBox()

格式:变量 ＝ InputBox(Prompt[, Title] [, Default] [, XPos, YPos] [, Helpfile, Context])

函数功能:弹出一个对话框,在其中显示提示,等待用户输入文字并按下按钮,然后返回用户输入的文字给变量。

参数说明:函数 inputbox() 的参数说明如表 2-9 所示。

表 2-9　InputBox 函数参数

参数	描述
Prompt	必需的。作为对话框消息出现的字符串表达式,Prompt 的最大长度约为 1024 个字符,由所用字符的宽度决定。如果 Prompt 的内容超过一行,则可以在每一行之间用回车符[Chr(13)]、换行符[Chr(10)]或是回车与换行符的组合[Chr(13) & Chr(10),即 vbCrLf]将各行分隔开来
Title	可选的。显示对话框标题栏中的字符串表达式。如果省略,则把应用程序名放入标题栏中
Default	可选的。显示文本框中的字符串表达式,在用户输入前作为缺省值。如果省略,则文本框为空
XPos	可选的。数值表达式,与 YPos 一起出现,指定对话框左侧与屏幕左侧的水平距离。如果省略,则对话框会在水平方向居中
YPos	可选的。数值表达式,与 XPos 一起出现,指定对话框顶端与屏幕顶端的距离。如果省略,则对话框被放置在屏幕垂直方向距底端大约三分之一的位置
Helpfile	可选的。字符串表达式,识别用来向对话框提供上下文相关帮助的文件。如果提供了 Helpfile,则必须提供 Context
Context	可选的。数值表达式,由帮助文件的作者指定给适当的帮助主题的帮助上下文编号。如果提供了 Context,则必须提供 Helpfile

【**例 2-7**】　aa＝InputBox("请输入数据"，"输入数据",100,123,456)

解析　运行界面如图 2-9 所示。

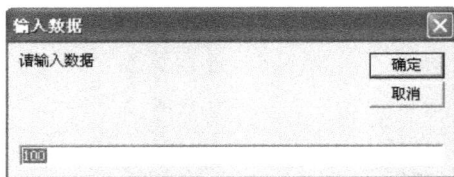

图 2-9　运行界面

当输入 200 时,则 200 就保存在变量 aa 中;如果没输入,则以缺省值 100 保存在变量 aa 中。

2.输出消息对话框函数 msgbox()

函数功能:弹出一个对话框,在其中显示指定的数据和提示信息,等待用户单击按钮。此外,该函数还可以返回用户在此对话框做的选择,返回值类型为长整型,因此将返回值赋给长整型变量。

语法格式:变量名＝MsgBox (Prompt[,Buttons] [,Title] [,Helpfile,Context])

当然,该函数也可以不返回用户在此对话框做的选择。

语法格式:MsgBox Prompt[,Buttons] [,Title] [,Helpfile,Context]

MsgBox 信息内容:对话框类型＋图标类型。对话框标题显示一个消息对话框,提示给用户信息,其中可有若干个选择按钮和图标。

参数说明:函数 MsgBox()的参数说明如表 2-10 所示。

注意:"按钮"设置值及其意义参考如表 2-11 所示。

表 2-10　**msgbox 函数参数说明**

参数	说明
Prompt	必需的。作为对话框消息出现的字符串表达式,Prompt 的最大长度大约为 1024 个字符,由所用字符的宽度决定。如果 Prompt 的内容超过一行,则可以在每一行之间用回车符[Chr(13)]、换行符[Chr(10)]或是回车与换行符的组合[Chr(13) & Chr(10)],即 vbCrLf]将各行分隔开来
Buttons	可选的。对话框的按钮格式。如果省略,则对话框只显示"确定"按钮。按钮的具体样式可参照表 2-11
Title	可选的。显示对话框标题栏中的字符串表达式。如果省略,则把应用程序名放入标题栏中
Helpfile,Context	可选的。字符串表达式,识别用来向对话框提供上下文相关帮助的帮助文件。如果提供了 Helpfile,则必须提供 Context

Buttons 参数用来设置对话框按钮的风格,其设置值根据功能不同可以分为 5 类,即对话框中显示的按钮的类型与数目、图标的样式、默认按钮、对话框的强制返回性、对话框特殊设置。Buttons 参数的设置值如表 2-11 所示,这些常数都是由 VBA 指定的。所以,可以在程序代码中使用这些常数名称,而不使用实际数值。Buttons 的值可以选择某个常数或几种不同类型的组合。

表 2-11　Buttons 参数设置值

类型	常数	值	描述
对话框中显示的按钮类型与数目	vbOKOnly	0	只显示"确定"按钮(缺省)
	vbOKCancel	1	显示"确定"和"取消"按钮
	vbAbortRetryIgnore	2	显示"终止"、"重试"和"忽略"按钮
	vbYesNoCancel	3	显示"是"、"否"和"取消"按钮
	vbYesNo	4	显示"是"和"否"按钮
	vbRetryCancel	5	显示"重试"和"取消"按钮
图标的样式	vbCritical	16	显示"错误信息"图标
	vbQuestion	32	显示"询问信息"图标
	vbExclamation	48	显示"警告消息"图标
	vbInformation	64	显示"通知消息"图标
默认按钮	vbDefaultButton1	0	第一个按钮是默认按钮(缺省)
	vbDefaultButton2	256	第二个按钮是默认按钮
	vbDefaultButton3	512	第三个按钮是默认按钮
	vbDefaultButton4	768	第四个按钮是默认按钮
对话框的强制返回性	vbApplicationModal	0	应用程序强制返回:应用程序一直被挂起,直到用户对消息框做出响应才继续工作
	vbSystemModal	4096	系统强制返回:全部应用程序都被挂起,直到用户对消息框做出响应才继续工作
对话框特殊设置	vbMsgBoxHelpButton	16384	将帮助按钮添加到消息框
	vbMsgBoxSetForeground	65536	指定消息框窗口作为前景窗口
	vbMsgBoxRight	524288	文本为右对齐
	vbMsgBoxRtlReading	1048576	指定文本应为在希伯来语和阿拉伯语系统中的从右到左显示

　　如果采用格式 1,可以进一步处理 MsgBox 函数的返回值。根据 MsgBox 函数的返回值可以判断用户执行了怎样的按键操作,例如,如果用户单击了"确定"按钮,则返回值为 1(vbOk)。表 2-12 给出了 MsgBox 函数的返回值及说明。

表 2-12　MsgBox 函数返回值

常数	值	描述
vbOK	1	单击了"确定"按钮
vbCancel	2	单击了"取消"按钮
vbAbort	3	单击了"终止"按钮
vbRetry	4	单击了"重试"按钮

续表

常数	值	描述
vbIgnore	5	单击了"忽略"按钮
vbYes	6	单击了"是"按钮
vbNo	7	单击了"否"按钮

【例 2-8】 aa＝MsgBox("是否要进入下一步操作",vbYesNo＋vbQuestion,"询问")

If aa＝vbYes，Then MsgBox "用户选择了'是' "；Else MsgBox "用户选择了'否' "。

运行界面如图 2-10 所示。

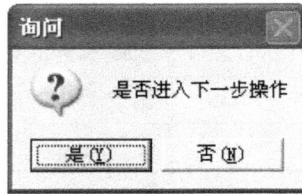

图 2-10 运行界面

单击"是"按钮后，弹出如图 2-11 所示的界面。

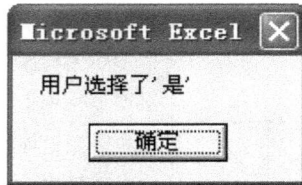

图 2-11 弹出界面

2.5.2 其他内置函数

常用函数及其说明如表 2-13 所示。

表 2-13 常用函数及其说明

函数类别	函数名	函数说明
数学函数	log(x)	参数:x 为数值类型;功能:返回 x 的自然对数
	sin(x)	参数:x 为数值类型,表示弧度;功能:返回 x 的正弦值
	cos(x)	参数:x 为数值类型,表示弧度;功能:返回 x 的余弦值
	int(x)	参数:x 为数值类型;功能:返回 x 的整数部分
	abs(x)	参数:x 为数值类型;功能:返回 x 的绝对值
	sqr(x)	参数:x 为数值类型;功能:返回 x 的平方根
	rnd(x)	参数:x 为数值类型。功能:产生随机数,返回 0~1 的单精度数据,不包含 0 和 1,参数 x 是产生随机数的种子

函数类别	函数名	函数说明
字符串 函数	len(str)	参数:str 为字符串类型。功能:返回 str 字符串的字符个数
	left(str,len)	参数:str 为字符串类型,len 为整型。功能:截取 str 中左起第一个字符开始长度为 len 的一个子字符串。例如,left("暨阳学院",2)="暨阳"
字符串 函数	right(str,len)	参数:str 为字符串类型,len 为整型。功能:截取 str 中右起第一个字符开始长度为 len 的一个子字符串。例如,right("暨阳学院",2)="学院"
	mid(str,start,len)	参数:str 为字符串类型,start 和 len 为整型。功能:截取 str 中从 start 指定的位置开始长度为 len 的一个子字符串。例如,mid("浙江农林大学暨阳学院",7,4)="暨阳学院"
	ltrim(str)	参数:str 为字符串类型。功能:去掉字符串左边多余的空格
	rtrim(str)	参数:str 为字符串类型。功能:去掉字符串右边多余的空格
	trim(str)	参数:str 为字符串类型。功能:去掉字符串左边和右边多余的空格
	instr(begin,str1,str2)	参数:str1,str2 为字符串类型,begin 为整型。功能:在母串 str1 中查找子串 str2 出现的起始位置;如果母串不包含子串,则函数的值为 0;begin 表示在母串中的哪个位置开始查找子串。例如,InStr(2,"浙江农林大学","大学")=5
转换函数	str(number)	参数:number 为整型。功能:将 number 转换为字符。例如:str(123)="123"
	val(string)	参数:string 为字符串。功能:将 string 中打头的数字字符转换为数值。例如,val("123abc")=123。若 string 中不包含数字字符,则返回 0
	asc(string)	参数:string 为字符串。功能:返回 string 字符串中第一个字符的 ASCII 码
	chr(number)	参数:number 为长整型的 ASCII 码值。功能:求码值 number 所对应的字符
	lcase(string)	参数:string 为字符串。功能:将 string 字符串中的大写字符转换为小写字符。例如,lcase("WelCoMe")=welcome
	Ucase(string)	参数:string 为字符串。功能:将 string 字符串中的小写字符转换为大写字符。例如,ucase("WelCoMe")=WELCOME
	oct(number)	参数:number 为整型。功能:将十进制数 number 转换为八进制数
	hex(number)	参数:number 为整型。功能:将十进制数 number 转换为十六进制数
日期函数	now()	无参数。功能:返回系统当前的日期和时间
	date()	无参数。功能:返回系统当前日期
	time()	无参数。功能:返回系统当前时间
	year(d)	参数:d 为日期型。功能:返回日期 d 的年份值。例如,year(#10/1/2014#)=2014
	month(d)	参数:d 为日期型。功能:返回日期 d 的月份值。例如,month(#10/1/2014#)=10

续表

函数类别	函数名	函数说明
日期函数	day(d)	参数:d 为日期型。功能:返回日期 d 的天数值。例如,day($\#10/1/2014\#$)$=1$
	hour(time)	参数:time 为时间值。功能:返回 time 的小时数。例如,Hour($\#11:12:13$ AM$\#$)$=11$
	Minute(time)	参数:time 为时间值。功能:返回 time 的分钟数。例如,minute($\#11:12:13$ AM$\#$)$=12$
	second(time)	参数:time 为时间值。功能:返回 time 的秒数。例如,second($\#11:12:13$ AM$\#$)$=13$
测试函数	IsNumeric(expr)	参数:expr 为任意数。功能:测试 expr 是否为数字,是则返回 True,否则返回 False
	IsDate(expr)	参数:expr 为任意数。功能:测试 expr 是否为日期,是则返回 True,否则返回 False
	IsEmpty(expr)	参数:expr 为任意数。功能:测试 expr 是否为 Empty(空值),是则返回 True,否则返回 False
	IsArray(expr)	参数:expr 为任意数。功能:测试 expr 是否为一个数组,是则返回 True,否则返回 False

【例 2-9】 通过以下实例掌握函数的使用。

(1) abs(-3.6)的返回值为 3.6。

(2) sqr(9)的返回值为 3。

(3) int(-5.6)的返回值为-6,int(2.36)的返回值为 2。

(4) mid("VisualBasic",7,5)函数返回值是 Basic。

(5) len("VisualBasic")函数返回值为 11。

(6) instr(2,"efabcdefg","ef")函数返回值为 7。

(7) lcase("WHAT")函数返回值为 what。

(8) ucase("What")$=$WHAT。

(9)要产生 30~50 之间的随机整数(包括 30 和 50),可以将 rnd 和 int 函数配合使用。int(rnd $*$ 21$+$30),rnd 返回 0~1 的浮点数,不包含 1,rnd $*$ 21 的结果为 0~21 的浮点数,不包含 21;rnd $*$ 21$+$30 的结果为 30~51 的浮点数,不包含 51;int(rnd $*$ 21$+$30)的结果为 0~50 的整数,包含 30 和 50。于是,产生(a,b)区间的随机数,其表达式为(b$-$a)$*$ rnd$+$a;产生[a,b]区间的随机整数,其表达式为 int((b$-$a$+$1)$*$ rnd)$+$a。

(10) a$=$asc("C"),a 的值为 67。

(11) a$=$shr(66),a 的值为字符"B"。

(12) a$=$val("-13.789"),a 的值为-13.789。

2.6　数制及字符编码

2.6.1　二进制数

当前的计算机系统使用的基本上是二进制系统。在二进制数中,用 0 和 1 两个数码来表示数,它的基数为 2,进位规则是"逢二进一",借位规则是"借一当二"。

1.二进制数据的表示法

二进制数据采用位置计数法,其位权是以 2 为底的幂。例如,二进制数 110.11,其权的大小顺序为 2^2、2^1、2^0、2^{-1}、2^{-2}。二进制数 110.11 的加权系数展开式可以表示为

$$(110.11)_2 = 2^2 + 2^1 + 2^0 + 2^{-1} + 2^{-2}$$

对于有 n 位整数,m 位小数的二进制数据,用加权系数展开式表示,可写为

$$(a_{n-1}a_{n-2}\cdots a_1 a_0 \cdots a_{-m})_2$$
$$= a_{n-1} \times 2^{n-1} + a_{n-2} \times 2^{n-2} + \cdots + a_1 \times 2^1 + a_0 \times 2^0$$
$$+ a_{-1} \times 2^{-1} + a_{-2} \times 2^{-2} + \cdots + a_{-m} \times 2_{-m}$$

二进制数据一般可写为

$$(a_{n-1}a_{n-2}\cdots a_1 a_0 \cdot a_{-1} \cdots a_{-m})_2$$

2.二进制的运算

这里简单介绍二进制的加法和减法运算。

(1)加法。加法有以下四种情况。

$0+0=0$　　　　　$0+1=1$　　　　$1+0=1$　　　　$1+1=10$

【例 2-10】　$1011+11=1110$

```
      1 0 1 1
  +     1 1        ———→ 逢二进一
  ———————————
      1 1 1 0
```

(2)减法。减法有以下四种情况。

$0-0=0$　　　　　$0-1=1$　　　　$1-0=1$　　　　$1-1=0$

【例 2-11】　$1011-11=1000$

```
      1 0 1 1
  -     1 1
  ———————————
      1 0 0 0
```

2.6.2　十进制数与二进制数之间的转换

1.正整数转换为二进制数

正整数转换为二进制数采用短除法,即除 2 取余,倒序排列。详细来讲就是将一个十进制数除以 2,得到的商再除以 2,依此类推,直到商等于 1 或 0 为止,再将除得的余数倒序排列,即得到二进制数的结果。

例如,把 52 换算成二进制数,计算结果如图 2-12 所示。

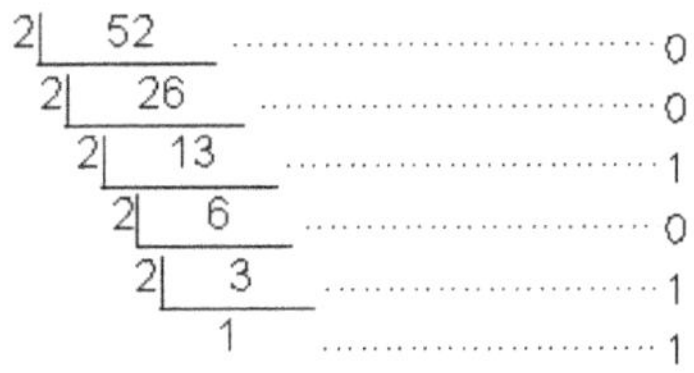

图 2-12　换算

52 除以 2 得到的余数依次为 0、0、1、0、1、1，再倒序排列，所以 52 对应的二进制数为 110100。

2. 负整数转换为二进制数

负整数转换为二进制数采用取反加 1。详细来讲就是将该负整数对应的正整数先转换成二进制，然后对其补齐为 8 位的整数倍，不够 8 位，就在高位加 0，再取反，最后在取反的结果上加 1 即可。

例如，要把−52 换算成二进制数，步骤如下：

(1)先将 52 换算成二进制：110100。

(2)将 110100 高位补 0：00110100。

(3)对所得到的二进制数取反：11001011。

(4)将取反后的二进制数加 1：11001100。

即：$(-52)_{10} = (11001100)_2$。

3. 小数转换为二进制数

小数转换为二进制数采用乘二取整，正序排列。详细来讲就是对被转换的小数乘以 2，取其整数部分(0 或 1)作为二进制数小数部分，取其小数部分，再乘以 2，又取其整数部分作为二进制小数部分，然后取小数部分，再乘以 2，直到小数部分为 0 或者已经到了足够位数。每次取的整数部分，按先后次序排列，就构成了二进制数小数的序列。

例如，把 0.2 转换为二进制数，步骤如下：

$0.2 \times 2 = 0.4 \cdots\cdots 0$

$0.4 \times 2 = 0.8 \cdots\cdots 0$

$0.8 \times 2 = 1.6 \cdots\cdots 1$

$0.6 \times 2 = 1.2 \cdots\cdots 1$

$0.2 \times 2 = 0.4 \cdots\cdots 0$

即：$(0.2)_{10} = (0.0011)_2$。

0.2 乘以 2，取整后小数部分再乘以 2，运算 4 次后得到的整数部分依次为 0、0、1、1，结果又变成了 0.2。

如果 0.2 再乘以 2 后会循环刚开始的 4 次运算，所以 0.2 转换二进制后将是 0011 的循环，即：$(0.2)_{10} = (0.0011\ 0011\ 0011\cdots)_2$。

4. 二进制数转换为十进制数

二进制整数用数值乘以 2 的幂，依次相加，二进制小数用数值乘以 2 的负幂次然后依次相加。比如，将二进制数 110 转换为十进制数：首先补齐 8 位数，00000110，首位为 0，则为正整数，那么将二进制中的三位数分别与下边对应的值相乘后相加得到的值，就是换算成十进制数的结果。

$$\frac{1 \quad\quad 1 \quad\quad 0}{2^2 \quad\quad 2^1 \quad\quad 2^0}$$

个位数 0 与 2^0 相乘：$0 \times 2^0 = 0$

十位数 1 与 2^1 相乘：$1 \times 2^1 = 2$

百位数 1 与 2^2 相乘：$1 \times 2^2 = 4$

将得到的结果相加，$0 + 2 + 4 = 6$，故二进制数 110 转化为十进制数后的结果为 6。

如果二进制数补足位数之后首位为 1，那么其对应的整数为负，故需要先取反然后再换算。

比如，11111001，首位为 1，那么需要先对其取反，即 -00000110。00000110 对应的十进制为 6，因此 11111001 对应的十进制即为 -6。换算公式可表示为

$(11111001)_2 = -(00000110)_2 = (-6)_{10}$

例如，将二进制数 0.110 转换为十进制数，步骤如下：

将二进制数中的三位数分别与下边对应的值相乘后相加得到的值，即为换算为十进制数的结果。

$$\frac{0 \quad\quad 1 \quad\quad 1 \quad\quad 0}{2^0 \quad\quad 2^{-1} \quad\quad 2^{-2} \quad\quad 2^{-3}}$$

小数部分第一位 1 与 2^{-1} 相乘：$1 \times 2^{-1} = 0.5$

小数部分第二位 1 与 2^{-2} 相乘：$1 \times 2^{-2} = 0.25$

小数部分第三位 0 与 2^{-3} 相乘：$0 \times 2^{-3} = 0$

将得到的结果相加，$0.5 + 0.25 + 0 = 0.75$，故二进制数 0.110 转化为十进制数后的结果为 0.75。

2.6.3　字符编码

字符编码是把字符集中的字符编码为指定集合中某一元素，以便文本在计算机中存储和通过通信网络传递。常见的例子包括将拉丁字母表编码成摩斯电码和 ASCII 码。其中，ASCII 码将字母、数字和其他符号编号，并用 7bit 的二进制来表示这个整数。通常会额外使用一个扩充的比特，以便于以 1 个字节的方式存储。

ASCII 是英文 American Standard Code for Information Interchange 的缩写。ASCII 码是目前计算机最通用的编码标准。因为计算机只能接受数字信息，所以 ASCII 码将字符作为数字来表示，以便计算机能够接受和处理。比如大写字母 M 的 ASCII 码是 77。ASCII 码中，第 0~32 号及第 127 号是控制字符，常用的有 LF(换行)、CR(回车)；第 33~126 号是字符，其中第 48~57 号为 0~9 这 10 个阿拉伯数字，65~90 号为 26 个大写英文字母，97~122 号为 26 个小写英文字母，其余的是一些标点符号、运算符号等。表 2-14 是常用的 ASCII 码对照表。

表 2-14   ASCII 码对照表

$b_3\ b_2\ b_1\ b_0$	$b_6\ b_5\ b_4$							
	000	001	010	011	100	101	110	111
0000	NUL	DLE	SP	0	@	P	'	p
0001	SOH	DC1	!	1	A	Q	a	q
0010	STX	DC2	"	2	B	R	b	r
0011	ETX	DC3	#	3	C	S	c	s
0100	EOT	DC4	$	4	D	T	d	t
0101	ENQ	NAK	%	5	E	U	e	u
0110	ACK	SYN	&.	6	F	V	f	v
0111	BEL	ETB	'	7	G	W	g	w
1000	BS	CAN	(	S	H	X	h	x
1001	HT	EM	)	9	I	Y	i	y
1010	LF	SUB	*	:	J	Z	j	z
1011	VT	ESC	+	;	K	[	k	{
1100	FF	FS	,	<	L	\	l		
1101	CR	GS	—	=	M	]	m	}
1110	RO	RS	.	>	N	↑	n	~
1111	SI	US	/	?	O	_	o	DEL

【例 2-12】   已知小写字母比相应的大写字母的 ASCII 码值大 32，请输出 ASCII 码值为 97 的字符以及该字符的大写字符。

解析   Sub char()

        Debug.Print Chr(97); Chr(97 - 32)

    End Sub

输出结果：aA

2.7   VBA 中对象、属性、方法、事件

2.7.1   面向对象的基本概念

1. 对象与对象集合

对象代表应用程序中的元素，比如工作表、单元格、图表、用户窗体，或是一份报告。

对象集合是一个包含几个其他对象的对象，而这些对象通常但并不总是相同的类型。例如，在 Microsoft Excel 中的 Workbooks 对象包含了所有已打开的 Workbook 对象。集合中的对象可以通过编号值或名称来识别。例如，Workbooks(1).Close 会关闭第一个打

开的 Workbook 对象。如果对象集合中的所有对象共享相同的方法，则可以操作整个对象集合。例如，Workbooks.Close 会关闭所有打开的窗体。

2. 属性

属性是一个对象的属性，它定义了对象的特征，诸如大小、颜色或屏幕位置，或某一方面的行为，诸如对象是否被激活或是否可见。可以通过修改对象的属性值来改变对象的特性。

设置属性的格式：对象名.属性名＝值

例如，myForm.Caption＝newTitle 是通过设置窗体中的 Caption 属性来更改 VBA 窗体的标题。

可以通过属性的返回值来检索对象的相关信息。

检索属性值的格式：变量名＝对象名.属性名

例如，formName＝myForm.Caption 的作用是获取 myForm 窗体的标题（Caption）属性值，并赋值给变量 formName。

3. 方法

方法指的是对象能执行的动作，它是对象本身的函数或过程。

方法的调用格式：对象名.方法名　［参数［,参数［,…]]]

例如，ComboBox1.AddItem newEntry 的作用是在下拉框 ComboBox1 中添加一项。

4. 事件

事件是发生在对象上的动作。比如敲桌子是一个事件，它是发生在桌子这个对象上的一个动作。比如在文本框控件对象上有单击（Click）、双击（Dblclick）等事件。然而事件的发生不是随意的，某些事件仅发生在某些对象上而已，比如"逃避早操被抓住"可以发生在学生这个对象上，但它不会发生在老师这个对象上。

事件的定义格式：

Private Sub 对象名_事件名

　（事件内容）

End Sub

2.7.2　用户窗体对象及其属性、事件和方法

1. 用户窗体对象

用户窗体对象（UserForm）是 VB 编程中最常见的对象，如图 2-13 所示。利用用户窗体能设计出图形界面的窗口。在用户窗体中可以添加其他控件对象，如文字框对象（TextBox）、列表框对象（ListBox）等。

2. 用户窗体的常用属性

用户窗体的属性影响用户窗体的外观和行为，许多属性既可以通过属性窗口进行设置，也可以在程序中设置。但有些属性只能在设计界面时设置，如 BorderStyle 等；有些属性只能在运行期间设置，如 CurrentX、CurrentY 等。

下面对用户窗体常用的属性逐一详细进行介绍。

（1）名称属性。

名称属性用来设置用户窗体的名称。一个用户窗体必须有一个名称，用户窗体名称是

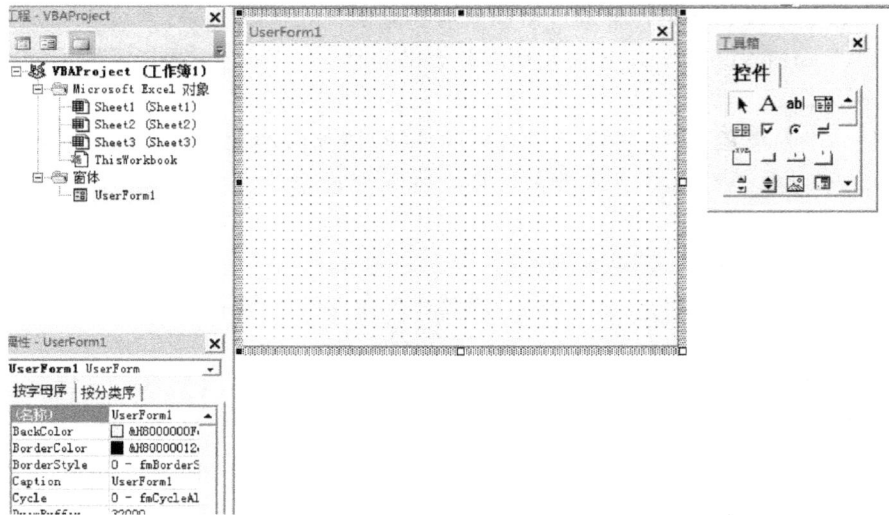

图 2-13　用户窗体对象

为了让系统识别不同的用户窗体。在程序中对用户窗体的操作语句都要使用用户窗体名称，以告诉系统操作语句是针对哪一个对象。

（2）Caption 属性。

Caption 属性设置用户窗体的标题，用来显示在用户窗体标题栏上的字符串信息。通常将用户窗体的 Caption 属性设置为与用户窗体内容与用途相关的信息，方便用户识别不同的窗口。如用户窗体（UserForm1）中的内容是表示学生的基本信息的，那可设置：UserForm1.caption＝"学生基本信息"。

Caption 属性既可以在属性窗口设置，也可以在代码窗口设置。

注意 Caption 属性和名称属性的区别，两者不要混淆。Caption 属性是外观标识，而名称属性是代码内部标识。

（3）Backcolor 属性和 Forecolor 属性。

Backcolor 属性用于设置窗体的背景颜色，Forecolor 属性用于设置窗体前景色。它们的属性值是一个十六进制常量，每种颜色对应一个常量。比如用红色粉笔在黑板上写字，则字的颜色（红色）是前景色，黑板的颜色（黑色）是背景色。

例如，我们要在蓝色背景的用户窗体（UserForm）上输出红色的字，可以这样设置：

UserForm.Backcolor＝VbBlue　　　　　'设置窗体背景为蓝色

UserForm.Forecolor＝VbRed　　　　　　'设置窗体前景为红色

（4）Enabled 属性。

Enabled 属性是确定一个用户窗体是否能够对用户激发的事件做出反应。属性值为逻辑值，即 True 或 False。系统默认为 True，这时窗体处于允许激活状态。若为 False，则不允许窗体对事件做出反应，窗体上其他控件也不能由用户访问。

（5）字体 Font 属性组。

FontBold 属性是逻辑型，设置输出到窗体上的字符是否以粗体显示（缺省为 False）。

FontItalic 属性是逻辑型，设置输出到用户窗体上的字符是否以斜体显示（缺省为

False)。

FontName 属性是字符型,设置输出到用户窗体上的字符以何种字体显示(缺省为"宋体")。

FontSize 属性是整型,设置输出到用户窗体上的字符的大小(缺省值 9 号)。

FontStrikeThru 属性是逻辑型,决定对象上正文是否加一删除线(缺省为 False)。

FontUnderLine 属性是逻辑型,决定对象上正文是否带下划线(缺省为 False)。

与字体相关的属性只能设置为真正存在的字体或字号的值。如果要在属性窗口中设置 Font 属性,打开属性窗口后,选择"Font"属性项,单击右侧的"…"按钮,就会弹出"字体"对话框,在对话框中选择所需的字体、字形、字体大小后,单击"确定"。

(6) ShowModal 属性。

ShowModal 属性值可以设置为 True 或 False。若设置为 True 则表示用户窗体为模态窗口,即在运行该窗口的时候不能对该窗口以外的窗口进行操作;反之为非模态,即在运行该窗口的时候可以对其他窗口进行操作。

3. 用户窗体的方法

窗体常用的方法有 Show(显示)、Hide(隐藏)以及 Move(移动)等。

(1) Show(显示)方法。

Show 方法用于在屏幕上显示一个窗体,使指定的窗体在屏幕上可见。调用 Show 方法与设置窗体 Visible 属性为 True 具有相同的效果。

调用格式:窗体名.Show [vbModel | vbModeless]

(2) Hide(隐藏)方法。

Hide 方法用于使指定的窗体不可见,但不从内存中删除该窗体。

调用格式:窗体名.Hide

当一个窗体从屏幕上隐去时,其 Visible 属性被设置成 False,并且该窗体上的控件也变得不可访问,但对运行程序间的数据引用无影响。若要隐去的窗体没有装入,则 Hide 方法会装入该窗体但不显示。

【例 2-13】 实现将指定的窗体在屏幕上进行显示或隐藏的切换。

```
Private Sub UserForm_Click()
    UserForm1.Hide                            '隐藏窗体
    MsgBox  "单击确定按钮,使窗体重现屏幕"      '显示信息
    UserForm1.Show                            '重现窗体
End Sub
```

(3) Move(移动)方法。

Move 方法用来在屏幕上移动用户窗体,格式如下:

用户窗体名.Move Left[,Top[,Width[,Height]]]

其中,Left、Top、Width、Height 均为单精度数值型数据,分别用来表示用户窗体相对于屏幕左边缘的水平坐标、屏幕顶部的垂直坐标、用户窗体的新宽度和新高度。

Move 方法中只有 Left 参数值是必需的,其余均可省略。但是,如果要指定其他参数,则必须按顺序依次给定前面的参数值。例如,不能只指定 Width,而不指定 Left 和 Top,但允许只指定前面部分的参数,而省略后面部分。例如,允许只指定 Left 和 Top,而省略

Width 和 Height,此时用户窗体的宽度和高度在移动后保持不变。

【**例 2-14**】 使用 Move 方法移动一个用户窗体。单击用户窗体,用户窗体向右移动 50Twip,同时用户窗体的高度增加 10%,宽度保持不变。

解析 为了实现这一功能,可以在用户窗体 UserForm1 的代码窗口中输入下列代码:

```
Private Sub UserForm_Click()
    UserForm1.Move UserForm1.Left + 50, UserForm1.Top, UserForm1.Width,
        UserForm1.Height * 1.1
End Sub
```

4. 用户窗体的事件

窗体可以响应 30 多种不同的事件,但并不要求会编写所有的事件的编写代码,读者只需掌握其中一些常用事件,了解这些事件的触发机制。下面对几个常用用户窗体事件做一下介绍。

(1) Load 事件。

在装载一个用户窗体时触发 Load 事件,该事件在 Initialize 事件之后发生。Load 是最基本,也是常用的用户窗体事件。Load 事件是由系统自动触发的事件,通常用来在启动应用程序时初始化控件属性和变量。

【**例 2-15**】 用 Load 事件设置输出到用户窗体上的文本的字体、字号、字的颜色。

解析
```
Private sub UserForm_load()
        UserForm.fontname = "隶书"
        UserForm.fontsize = 28
        UserForm.forecolor = vbred
    End sub
```

(2) Click 事件。

在程序运行时单击用户窗体内空白处的某个位置,将触发用户窗体的 UserForm_Click 事件。如果单击的是用户窗体内的控件,则只能调用相应控件的 Click 事件。

(3) DblClick 事件。

程序运行时快速双击用户窗体空白处的某个位置,就触发了 UserForm_Dblclick 事件。

双击必须在系统设置的时间内完成,如果动作超出时间,则系统会识别为两次单击。通常 DblClick 事件发生时会触发 Click 事件,第一次按动鼠标时,触发 Click 事件,第二次才产生 DblClick 事件。

2.7.3 应用举例

【**例 2-16**】 在用户窗体上建立 4 个命令按钮 CommandButton1、CommandButton2、CommandButton3、CommandButton4。

要求:

(1)在窗体上添加一个 Label 控件,显示"欢迎使用 VBA"。

(2)命令按钮 CommandButton1、CommandButton2、CommandButton3、CommandButton4 的 Caption 属性分别为"字体变大"、"字体变小"、"加粗"和"标准"。

(3)每次单击 CommandButton1 按钮和 CommandButton2 按钮,Label 控件的文字字体

变大或变小 3 个单位。

（4）单击 CommandButton3 按钮后，Label 控件的文字字体变粗；单击 CommandButton4 按钮后，Label 控件的文字字体又由粗体变为标准。

（5）双击窗体后可以退出。

解析　过程如下：

步骤 1：设计界面，如图 2-14 所示。

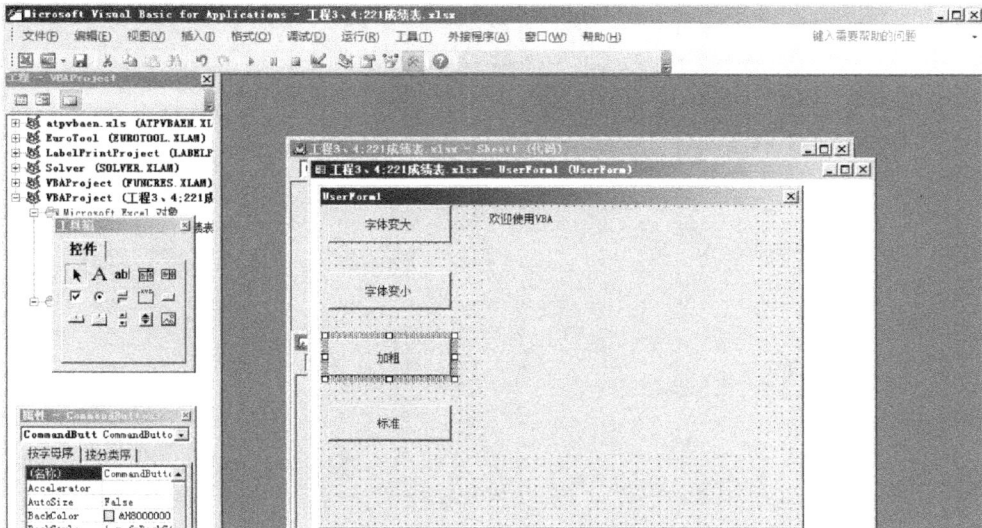

图 2-14　设计界面

步骤 2：代码设计。

```
Private Sub CommandButton1_Click()
    Label1.Font.Size = Label1.Font.Size + 3
End Sub


Private Sub CommandButton2_Click()
    Label1.Font.Size = Label1.Font.Size − 3
End Sub


Private Sub CommandButton3_Click()
    Label1.Font.Bold = True
End Sub


Private Sub CommandButton4_Click()
    Label1.Font.Bold = False
End Sub
```

```
Private Sub UserForm_DblClick(ByVal Cancel As MSForms.ReturnBoolean)
    Application.Quit
    'ThisWorkbook.Close
End Sub
```

步骤 3：运行结果如图 2-15 至图 2-18 所示。

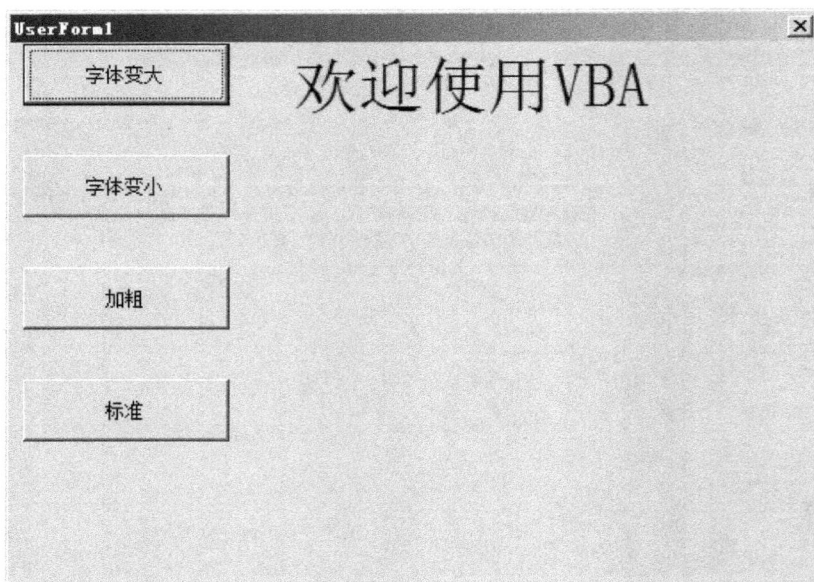

图 2-15 单击 CommandButton1 按钮

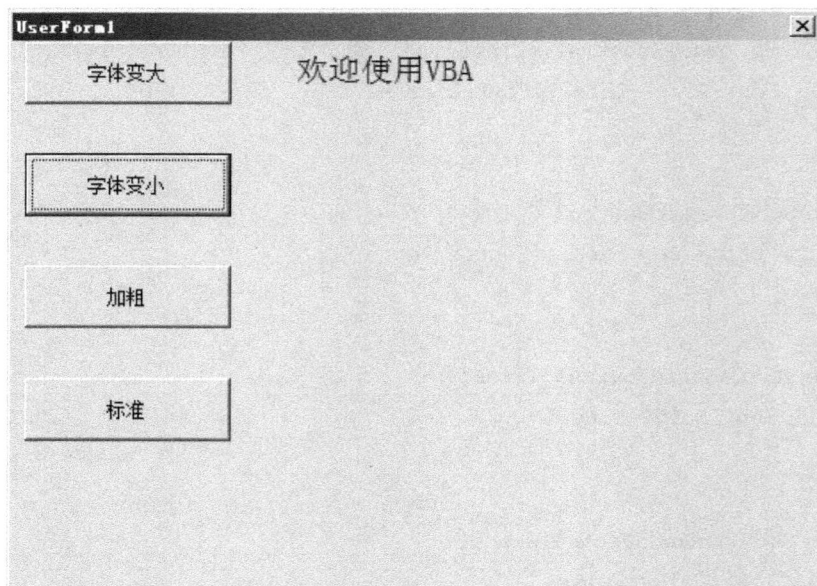

图 2-16 单击 CommandButton2 按钮

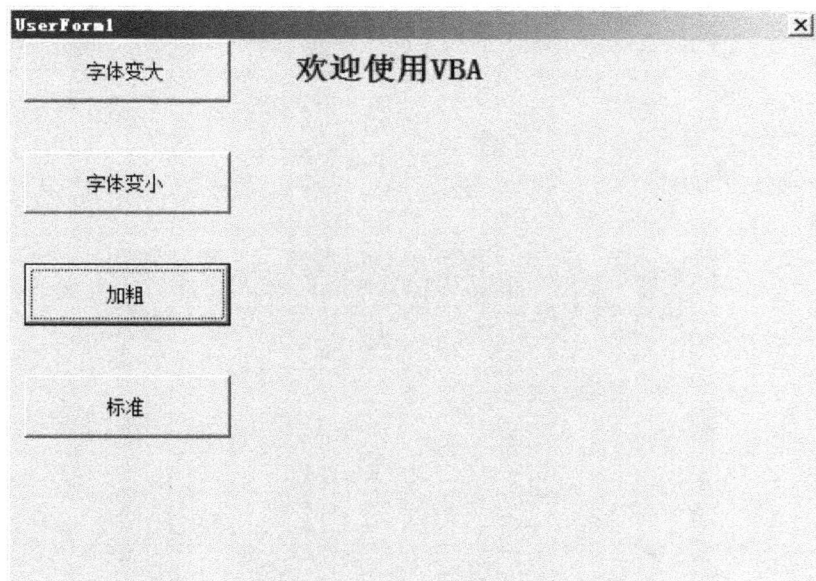

图 2-17　单击 CommandButton3 按钮

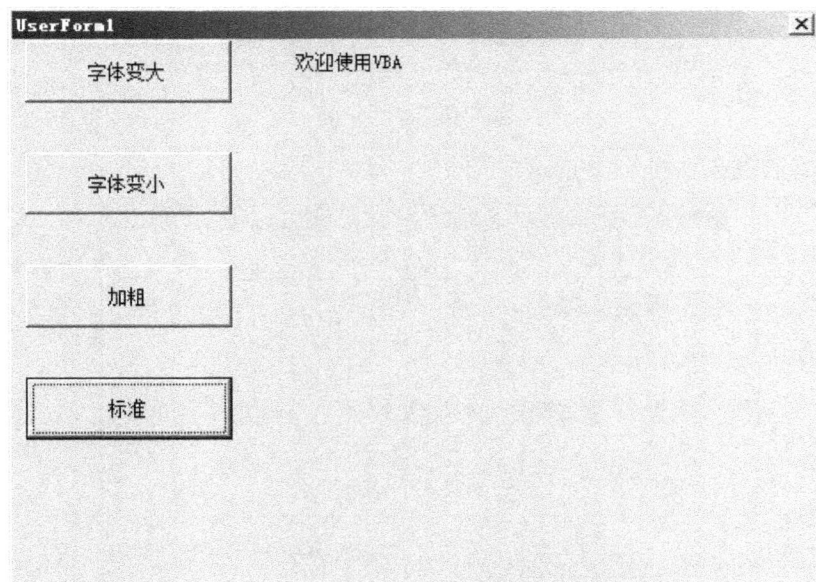

图 2-18　单击 CommandButton4 按钮

【例 2-17】　当用户在文本框中输入姓名，如输入"机器猫"，单击"确定"按钮，则窗体上出现"机器猫：欢迎你！"，如果单击"结束"按钮，即结束程序运行。

解析　过程如下：

步骤 1：设计界面，如图 2-19 所示。

步骤 2：代码设计。

```
Private Sub CommandButton1_Click()
```

```
    Label2.Caption = TextBox1.Value & ":欢迎你!"
End Sub


Private Sub CommandButton2_Click()
    Application.Quit
End Sub
```

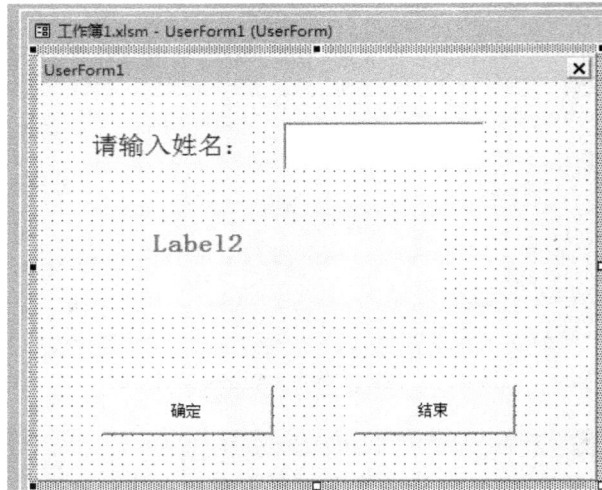

图 2-19　设计界面

步骤 3:运行结果如图 2-20 所示。

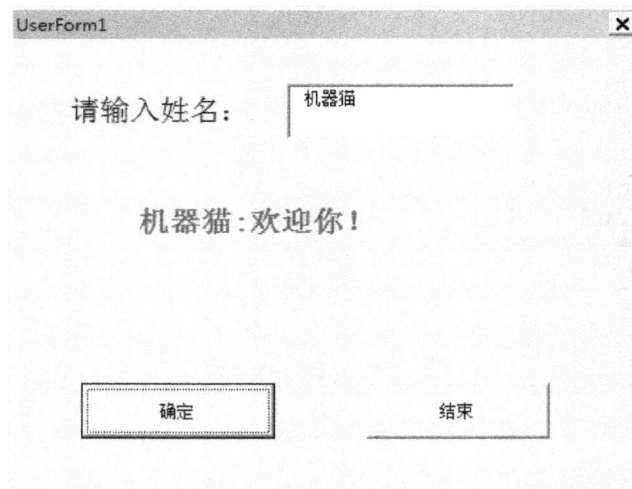

图 2-20　运行结果

2.8　习　题

1. 选择题

（1）下列标识符合法的是（　　）。

A. 123abc　　　　B. a_123　　　　　C. _123b　　　　　D. pubilc

（2）下列说法错误的是（　　）。

A. 标识符是一种标识变量、常量、过程、函数、类等语言构成单位的符号

B. 通过标识符才能实现对函数或过程的引用

C. 标识符可以与 VBA 的保留名相同

D. 标识符由字母、汉字开头，后面接字母、数字、汉字、下划线组成

（3）下列是 InputBox 函数必需的参数是（　　）。

A. Title　　　　　B. XPos,YPos　　C. Prompt　　　　D. Default

（4）下列是 MsgBox 函数必需的参数是（　　）。

A. Buttons　　　　B. Title　　　　　C. Prompt　　　　D. Helpfile

（5）运行语句 aa = inputbox("输入一个数","输入",100)后,用户没有在对话框中输入任何内容,则 aa 的结果为（　　）。

A. 输入一个数　　B. 输入　　　　　C. 100　　　　　　D. 没有任何内容

（6）对于 MsgBox 函数,下列说法错误的是（　　）。

A. MsgBox 函数用来显示一个消息对话框,提示给用户信息,其中可有若干个选择按钮和图标

B. MsgBox 函数有两种调用格式:一种有返回值,另一种没有返回值

C. Buttons 参数用来设置对话框按钮的风格,缺省情况下为 vbOKOnly

D. Buttons 参数只能选择某个常数,而不能是几个常数的组合

（7）下列函数中,具有产生随机数功能的函数是（　　）。

A. Log(x)　　　　B. Int(x)　　　　　C. Abs(x)　　　　D. Rnd(x)

（8）下列表达式中,结果为"暨阳学院"的是（　　）。

A. Len("浙江农林大学暨阳学院")　　　B. Left("浙江农林大学暨阳学院",4)

C. Right("浙江农林大学暨阳学院",4)　　D. Mid("浙江农林大学暨阳学院",6,4)

（9）下列函数中,能够实现将 WELCOME 转换为 welcome 的函数是（　　）。

A. str("WELCOME")　　　　　　　　B. val("welcome")

C. lcase("WELCOME")　　　　　　　　D. ucase("welcome")

2. 填空题

（1）根据运算符所作用的操作数个数可以分为单目运算符、双目运算符和多目运算符,单目运算符表示该运算符的操作数有_____个,双目运算符表示该运算符的操作数有_____个,多目运算符表示该运算符的操作数有_____个。

（2）已知 x＝4,y＝5,写出下列表达式的结果。

表达式	结果	表达式	结果
x＋y		x\y	
x ＆ y		x＞y or x－y＜0	
x mod y		x＜＞y	
x/y		not x＝y	
x＞y or x＋y＜10		x mod y＞0 and x/y＝1	

3．应用题

（1）给出以下字符所对应的 ASCII 码值。编写一个程序，将这些字符的 ASCII 码值输出。（提示：使用 asc()函数。）

a，b，c，d，e，f，g，h，＝，＋，/

（2）编写一个程序，输出 5 个[20,80]的随机数。

（3）请将下列十进制数转换为二进制数。

56，19，35，－48，0.45，0.15

（4）请将下列二进制数转换为十进制数。

10110011，001100，1010，11010

（5）给出以下 ASCII 码值所对应的字符。编写一个程序，将这些 ASCII 码值所对应的字符输出。（提示：使用 chr()函数。）

65，70，95，100，105，108

（6）编写一个程序，要求用户输入圆的半径，使用 MsgBox 函数输出圆的周长。

（7）编写一个程序，输出当前的年份。（提示：使用 year()函数和 now()函数或 date()函数配合）

（8）编写一个程序，实现一个加法器，效果如下图所示。

4．简答题

（1）简述变量与常量的区别。

（2）给出显式声明变量的格式。

（3）简述变量的隐式声明的含义。

（4）简述 InputBox 函数的功能。

（5）简述 MsgBox 函数的功能。

第 3 章

程序结构

3.1 程序控制结构概述

在任何计算问题的解决方案中,都会按照特定的顺序去执行一系列动作。解决问题的过程称为算法,它确定了以下两点:动作的含义和执行动作的顺序。

下面用统筹法的例子来说明。

早晨起床上班,在出门之前,需要做以下这些事情:洗脸—着装—刷牙—热晚饭(当早饭)—吃饭—出门。

很明显,这种顺序不但耗时,而且不合理(先洗脸,后刷牙,嘴角很可能留有牙膏的白点,先着装后吃饭,会弄脏衣服)。这六个动作如果合理安排,就可以达到最佳效果[耗时最短,样子最帅(靓)],例如:热晚饭(当早饭)—刷牙—洗脸—吃饭—着装—出门。

联系到计算机中程序模块执行的顺序,我们称之为算法。

通常情况下,程序中的语句是按顺序一句一句执行的,我们称之为顺序执行,其执行效果如图 3-1 所示。

除了顺序结构,VB 语言还包括另外两大类程序结构:选择结构和循环结构

选择结构依据分支条件的取值来决定程序执行的走向,如图 3-2 所示。

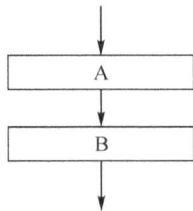

图 3-1　顺序执行

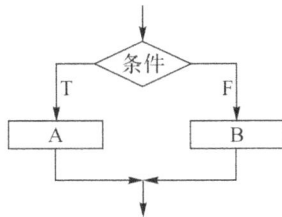

图 3-2　选择结构

选择结构是一种基本和常用的结构,它向我们提供了根据条件取值来选择不同处理块的方法。如果判断结果是"真"(T),就执行 A 程序块的操作;如果判断结果是"假"(F),就执行 B 程序块的操作。

循环结构是对某一处理块反复执行指定次数的结构,如图 3-3 和图 3-4 所示。在条件

为"真"(T)情况下，一直执行程序块 A，然后继续判断条件，直到条件为"假"(F)，跳出循环，执行接下来的语句。

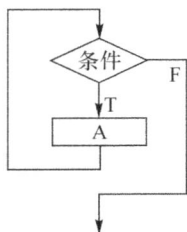

图 3-3　循环结构(先判断)

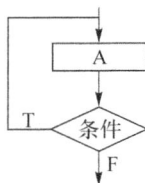

图 3-4　循环结构(后判断)

3.2　顺序结构

顺序结构是一种最简单的程序结构，它按从上到下的顺序执行程序。在该结构中，各语句按照出现的先后顺序依次执行。在选择结构和循环结构中，顺序结构也是基本的组成部分。

【例 3-1】　温度转换。设计一个窗体应用程序，程序运行时，用户可以在文本框输入一个摄氏温度值，单击"转换"命令按钮，将摄氏温度值转换为华氏温度值。

解析　将设置的摄氏温度值转换为华氏温度值，可依据如下公式：

$$C = 5/9(F - 32)$$

其中，C 和 F 分别代表设置的摄氏温度值和华氏温度值。

在这题中涉及 VBA 中常用的两种输入/输出方式：①使用 InputBox 和 MsgBox 进行输入和输出；②利用窗体提供的控件或者直接使用 Excel 表进行输入和输出。

我们在第 2 章中已经详细阐述了 InputBox 和 MsgBox 的使用，这里不再赘述，以下就对常用的三种编程模式逐一进行介绍。

与完整的 VB 编程模式不同，VBA 没有窗体的 print 方法，所以，若想实现数据的直接输出，使用 Debug 窗口(即"视图"→"立即窗口")是一种比较好的方式。

1. 使用窗体控件进行输入和输出

VBA 也可以像其他语言一样，实现传统的窗体编程，具体实现方法和 VB 基本一致。具体操作步骤如下：

依次单击"开发工具"→"查看代码"，如图 3-5 所示。

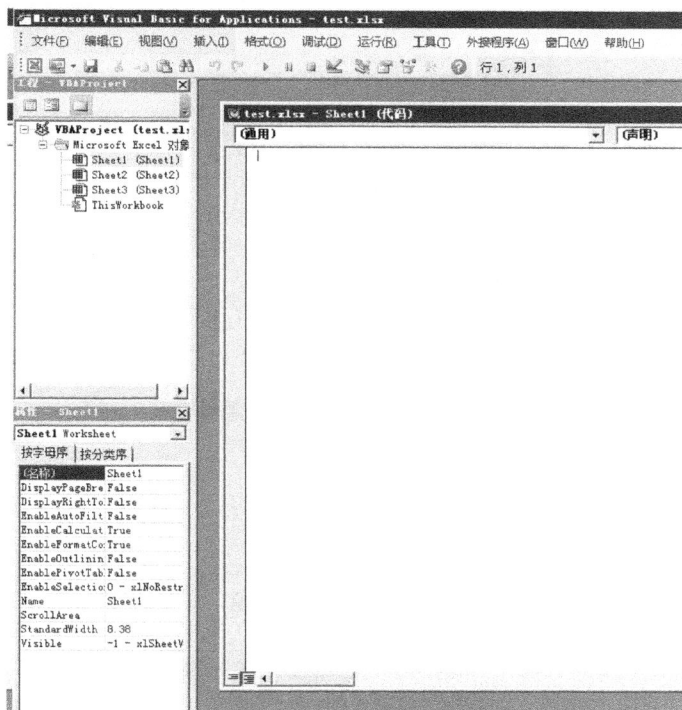

图 3-5 查看代码界面

右击左侧项目,选择"插入"→"用户窗体",如图 3-6 所示。

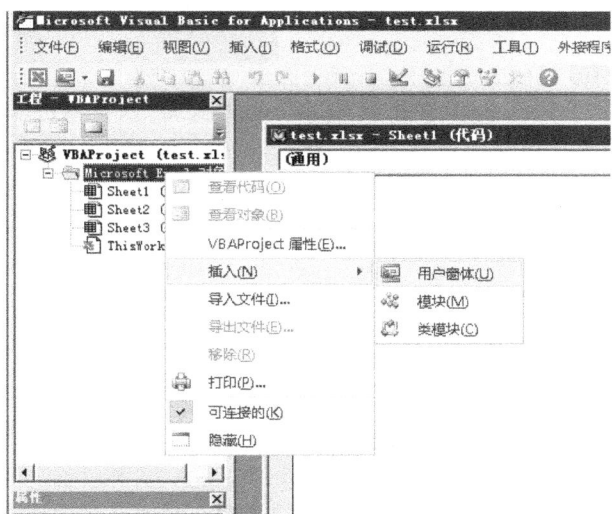

图 3-6 插入用户窗体

插入相关控件并设置其名称，如图 3-7 所示。

图 3-7　控件布局并设置属性

双击"转换"按钮，编辑代码（也可以通过"视图"→"查看代码"），如图 3-8 所示。

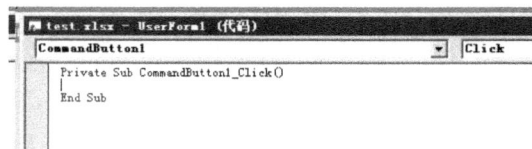

图 3-8　双击快捷进入代码编辑

在该命令按钮下输入相应的代码，如图 3-9 所示。

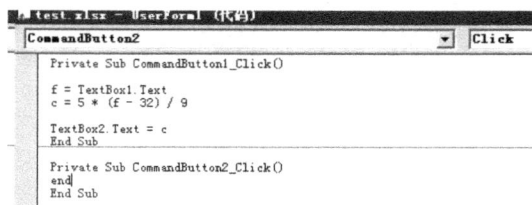

图 3-9　编辑代码

验证效果，可以单击如图 3-10 所示的绿色三角形按钮，或者单击菜单项中"运行"→"运行子过程/用户窗体"来执行窗体，如图 3-11 所示。

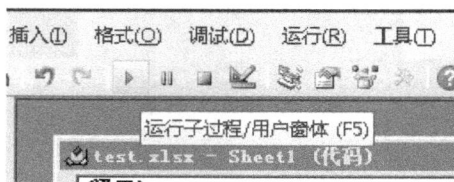

图 3-10　工具栏执行窗体

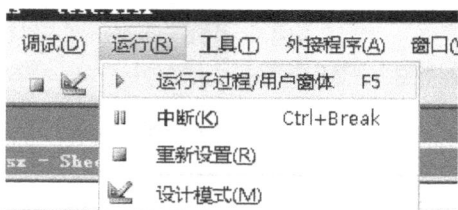

图 3-11　菜单栏执行窗体

运行结果如图 3-12 所示。

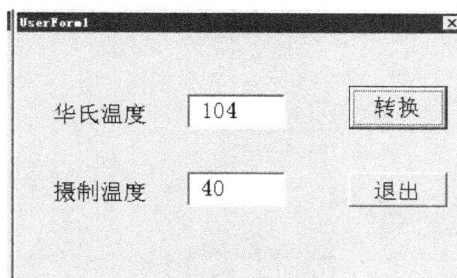

图 3-12　运行结果

图 3-13　sheet 中输入说明文字

2．直接在 Excel 单元格中进行输入和输出

在 A1 和 A2 单元格中分别输入说明文字,如图 3-13 所示。

在合适位置插入命令按钮(注意是 ActiveX 控件),并修改其 Caption 属性为"转换"。首先其需要进入"设计模式"(使设计模式按钮底色为橙色),如图 3-14 所示。

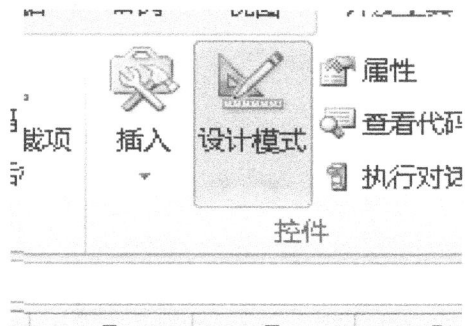

图 3-14　进入设计模式

插入 ActiveX 控件中的命令按钮,并移动至合适的位置,如图 3-15 所示。

图 3-15　选择 ActiveX 控件插入

右击命令按钮，查看"属性"，修改 Caption 属性为"转换"，如图 3-16 所示。

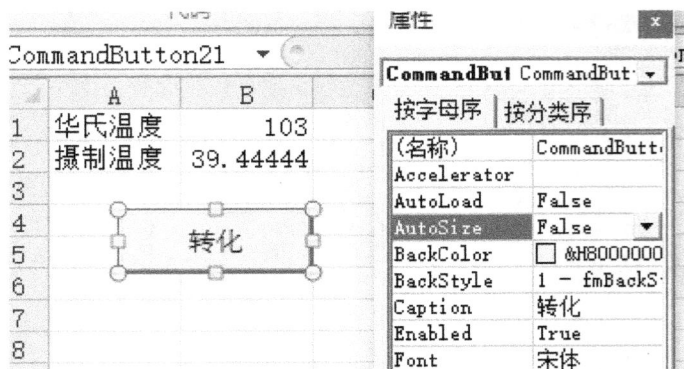

图 3-16　重命名按钮显示名称

双击"转换"按钮，输入相应代码，如图 3-17 所示。

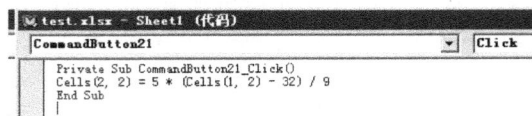

图 3-17　编辑代码

当编辑完成，需要运行代码时，取消"设计模式"（切记），如图 3-18 所示；否则不能运行。

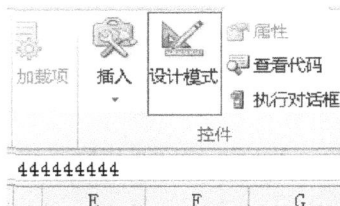

图 3-18　需要运行时，保证取消"设计模式"

在 B2 中输入华氏温度，单击"转换"按钮，如图 3-19 所示。

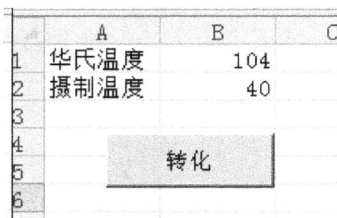

图 3-19　运行结果

3. 使用 Debug. Print 输出调试结果

有些时候需要直接输出结果，而不借助第三方软件（如标签控件、Excel 单元格等），可直接使用 Debug. Print 方法，在立即窗口中直接显示打印结果，输入方式不限。步骤如下：

创建设计窗体，并设置按钮，如图 3-20 所示。

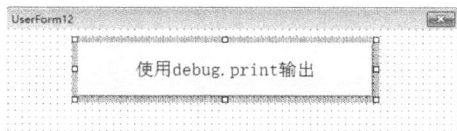

图 3-20　创建设计窗体

双击按钮后，编写代码，如图 3-21 所示。

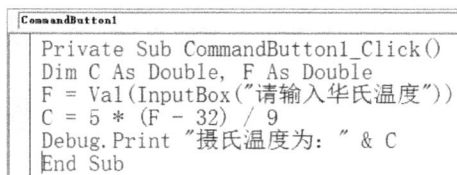

```
CommandButton1
Private Sub CommandButton1_Click()
Dim C As Double, F As Double
F = Val(InputBox("请输入华氏温度"))
C = 5 * (F - 32) / 9
Debug.Print "摄氏温度为: " & C
End Sub
```

图 3-21　编辑按钮代码

运行后，结果如图 3-22 所示。

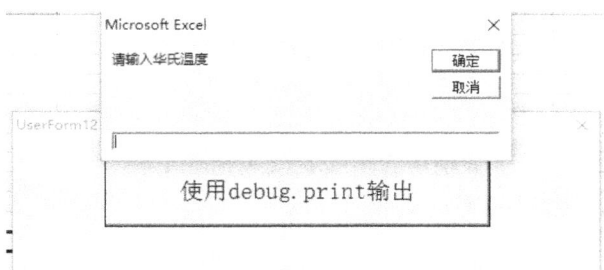

图 3-22　运行后显示

奇怪的是，输入华氏温度后，并不能像前面一样看到输出结果，原因是 Debug.Print 输出的是调试信息，只能在"立即窗口"下查看。切换到代码界面，如果没能找到"立即窗口"，则通过选择"视图"→"立即窗口"打开，如图 3-23 所示。

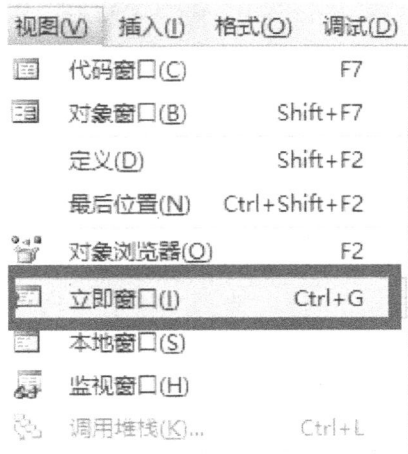

图 3-23　通过菜单切换到立即窗口

然后,可以在代码界面的下方发现立即输出窗口,如图 3-24 所示。

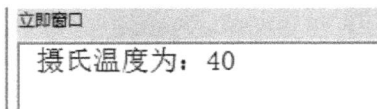

立即窗口

摄氏温度为：40

图 3-24　立即窗口显示调试结果

总之,用什么样的方式输入和输出,并不是 VBA 编程的关键。这一章学习的重点是面向过程编程的两种基本的,也是最为重要的程序结构——选择结构和循环结构。下面就这两种结构展开讨论。

3.3　选 择 结 构

选择结构程序设计体现了程序的判断能力。具体地说,在程序执行中能依据运行时某些变量的值,来确定这些操作是否执行,或者在若干个操作中确定选择哪个操作来执行。

在这里引入两个例子来说明这种需要。

例如,要判断某一年(用 y 来表示)是否是闰年。

闰年的条件要符合以下两个条件中的一个:①能被 4 整除,但同时不能被 100 整除;②能被 400 整除,如 2000 年。分别用逻辑表达式表达如下:

①y % 4 = = 0 && y %100 ! = 0

②y % 400 = 0

合并以后:y % 4 = = 0 && y %100 ! = 0 || y % 400 = 0

即求解一元二次方程的根。

设方程的三个参数分别为 a, b, c,所以 delta$=b \times b - 4 \times a \times c$。那么：

(1) 如果 delta 大于等于 0,则存在两个实数根。

(2) 如果 delta 小于 0,则存在两个复数根。

以上例子说明,在运用编程解决实际问题时,往往需要根据某些条件做出判断,决定选择哪些语句执行或者不执行某些语句。VBA 语言中的 If、Select 语句,可以写出具有选择结构的程序。

【例 3-2】　输入任一年份,判断其是否为闰年。

解析　在窗体上设计如图 3-25 所示的控件。

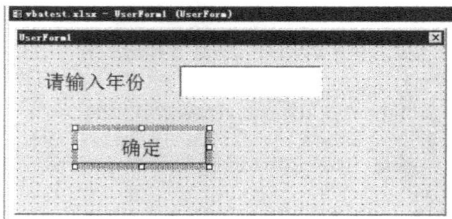

图 3-25　窗体控件设计

在按钮的 Click 事件中输入如图 3-26 所示代码,控件名称默认值(如 TextBox1)。

图 3-26　按钮代码编辑

当在文本框中输入不同的年份值时，分别显示是否是闰年，如图 3-27 所示。

图 3-27　运行结果

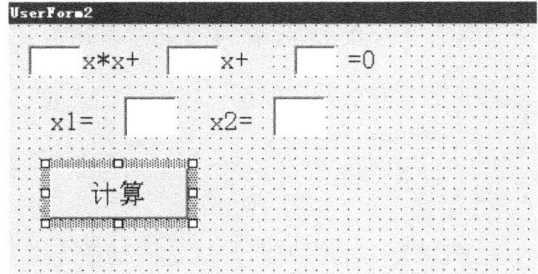

图 3-28　窗体控件设计

【例 3-3】　求方程 $ax^2+bx+c=0$ 的实数根。

解析　在窗体上设计如图 3-28 所示的控件。

在按钮的 Click 事件中输入如图 3-29 所示代码。

```
Private Sub CommandButton1_Click()
Dim a As Single, b As Single, c As Single
Dim delta As Single
Dim x1 As Single, x2 As Single
a = Val(TextBox1.Text)
b = Val(TextBox2.Text)
c = Val(TextBox3.Text)
delta = b * b - 4 * a * c
If delta < 0 Then
    MsgBox "没有实数根"
    TextBox4.Text = ""
    TextBox5.Text = ""
Else

    delta = Sqr(delta)
    x1 = (b - delta) / (2 * a)
    x2 = (b + delta) / (2 * a)
    TextBox4.Text = Str(x1)
    TextBox5.Text = Str(x2)
End If
End Sub
```

图 3-29　按钮代码编辑

运行结果如图 3-30 所示。

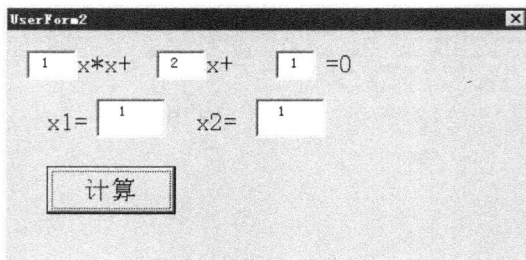

图 3-30　运行结果

3.3.1　单分支语句

单分支语句形式如下：

If 表达式 Then

　语句

End If

先计算表达式的值，当表达式的值不等于零时，执行分支中的语句，否则直接执行 If 语句的后继语句。单分支 If 语句流程如图 3-31 所示。

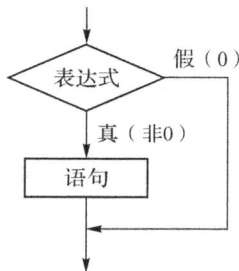

图 3-31　单分支选择语句执行流程

【例 3-4】　输入两个整数，然后从小到大输出。

　解析　在窗体上设计如图 3-32 所示的控件。

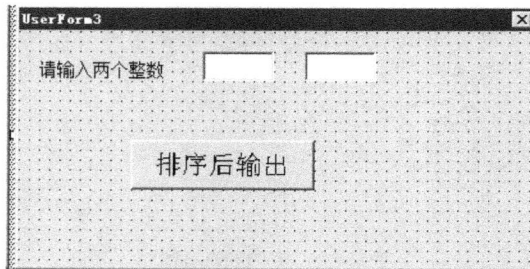

图 3-32　窗体控件设计

在按钮的 Click 事件中输入如图 3-33 所示代码。

```
CommandButton1
Private Sub CommandButton1_Click()
Dim a As Integer, b As Integer, c As Integer
a = TextBox1.Text
b = TextBox2.Text
If a > b Then
    t = a
    a = b
    b = t
End If
    MsgBox Str(a) + "  " + Str(b)

End Sub
```

图 3-33　按钮代码编辑

运行结果如图 3-34 所示。

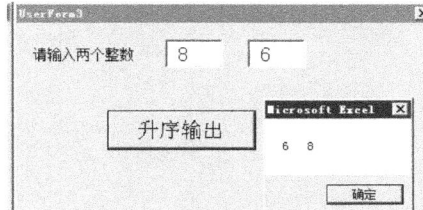

图 3-34　运行结果

【例 3-5】　输入一个数,求它的绝对值。

解析　在窗体上设计如图 3-35 所示的控件。

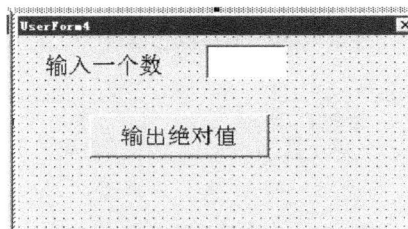

图 3-35　窗体控件设计

在按钮的 Click 事件中输入如图 3-36 所示代码。

```
CommandButton1
Private Sub CommandButton1_Click()
Dim a As Integer
a = Val(TextBox1.Text)
If a < 0 Then
    a = -a
End If
MsgBox a

End Sub
```

图 3-36　编辑代码

使用 If 语句判断输入值是否为负,若为负,则取正值,否则直接取其值。运行结果如图 3-37 所示。

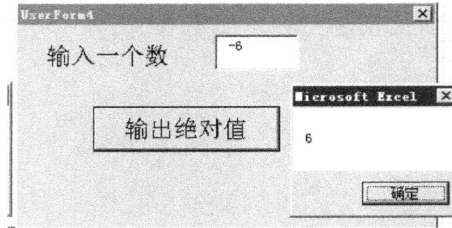

图 3-37　运行结果

3.3.2　双分支语句

双分支语句形式如下:

If 表达式　Then
　语句 1
Else
　语句 2
End If

先计算表达式值,若表达式值不为零,则执行第一个分支语句 1,否则直接执行第二个分支语句 2。具体执行流程如图 3-38 所示。

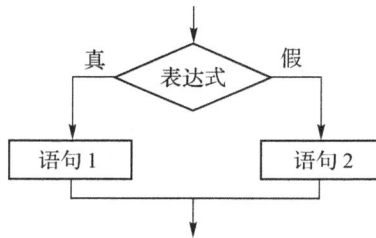

图 3-38　双分支选择语句执行流程

【例 3-6】 输入一个数,判断它是否能被 7 整除。无论是否能整除,都打印相应语句。

解析　在窗体上设计如图 3-39 所示的控件。

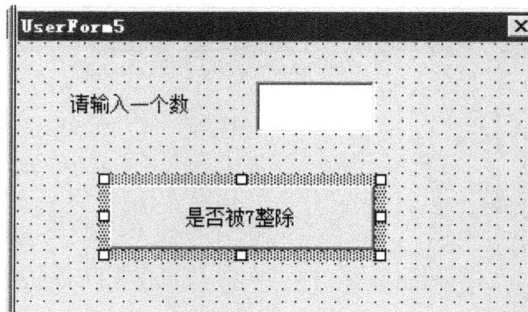

图 3-39　窗体控件设计

在按钮的 Click 事件中输入如图 3-40 所示代码。

```
CommandButton1

Private Sub CommandButton1_Click()
Dim a As Integer
a = Val(TextBox1.Text)

If a Mod 7 = 0 Then
    MsgBox a & "能被7整除"
Else
    MsgBox a & "不能被7整除"
End If
End Sub
```

图 3-40　按钮代码编辑

运行结果如图 3-41 所示。

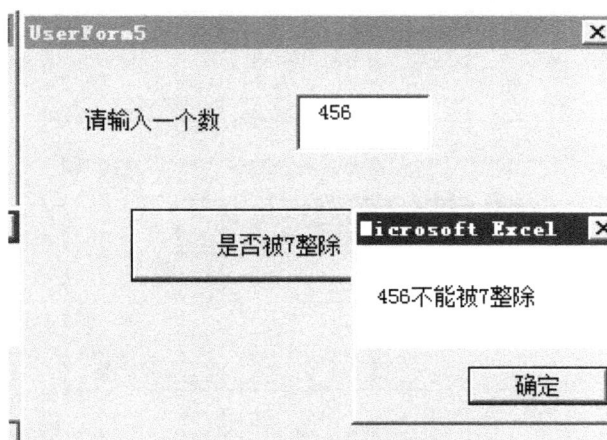

图 3-41　运行结果

【例 3-7】　编程计算下列表达式，x 为实数，y 为整数。

$$y=\begin{cases}-1,x<0\\1,x\geqslant0\end{cases}$$

解析　在窗体上设计如图 3-42 所示的控件。

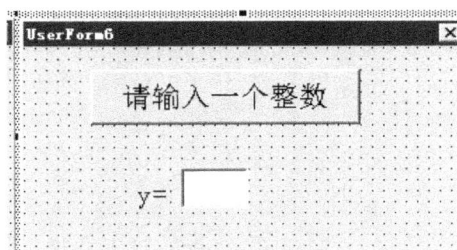

图 3-42　窗体控件设计

在按钮的 Click 事件中输入如图 3-43 所示代码。

```
CommandButton1
Private Sub CommandButton1_Click()
Dim x As Integer
TextBox1.Text = ""
x = Val(InputBox("请输入x的值"))
If x > 0 Then
        y = 1
Else
        y = -1
End If
TextBox1.Text = Str(y)
End Sub
```

图 3-43　按钮代码编辑

运行结果如图 3-44 所示。

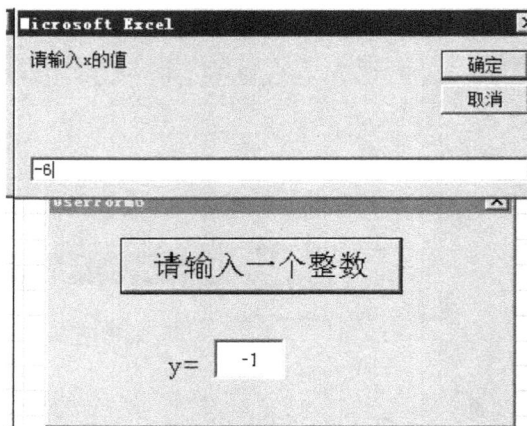

图 3-44　运行结果

3.3.3　多分支语句

当有多个分支选择时,可以采用如下的多分支语句来实现:

```
If 表达式 1　Then
   语句 1
ElseIf 表达式 2　Then
   语句 2
   …
ElseIf 表达式 m　Then
   语句 m
Else
   语句 n
End If
```

这种 If 语句在执行时,依次判断表达式的值,当出现某个为真时,则执行其相应的语句。然后跳到整个 If 语句之外继续执行程序。如果所有的表达式均为假,则执行语句 n,然后继续执行后继程序。多分支语句的执行流程如图 3-45 所示。

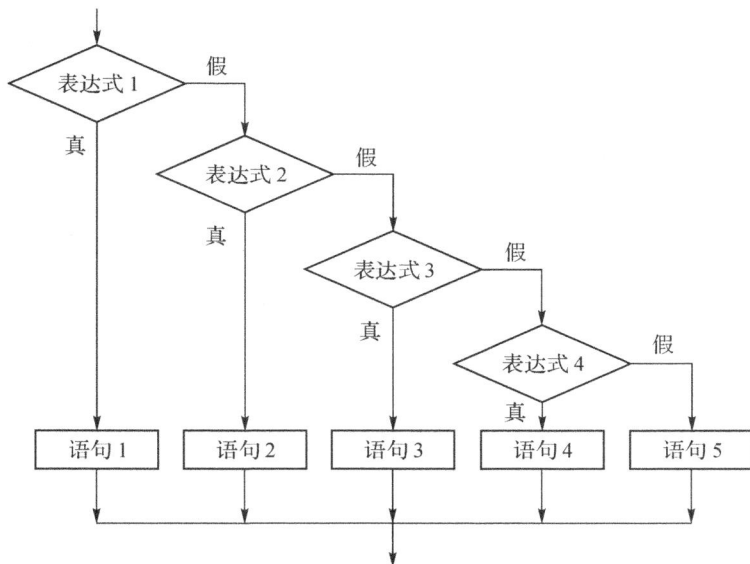

图 3-45　多分支选择语句执行流程

【例 3-8】　编程计算下列表达式，x 为实数，y 为整数。

$$y=\begin{cases} -1, & x<0, \\ 0, & x=0, \\ 1, & x>0 \end{cases}$$

解析　这一题与例 3-7 除部分代码有所不同外，其余基本一致，具体如图 3-46 所示。

```
CommandButton1
    Private Sub CommandButton1_Click()
    Dim x As Integer
    TextBox1.Text = ""
    x = Val(InputBox("请输入x的值"))
    If x > 0 Then
        y = 1
    ElseIf x = 0 Then
        y = 0
    Else
        y = -1
    End If
    TextBox1.Text = Str(y)

    End Sub
```

图 3-46　编辑代码

这一过程可以如此表述：从上向下逐一对 If 后的表达式进行检测。当某一表达式的值为非 0 时，就执行与此有关子句中的语句，其余部分不执行，直接越过；如果所有表达式的值都为 0，则执行最后的 Else 子句。

3.3.4　Select 语句

If 语句解决两个分支的情况，当有多分支时，须采用 If 语句的嵌套形式。一般在分支较多的情况下，If 的嵌套层次也随之增加，降低了程序的可读性。因此，VB 语言提供了用于多分支结构的选择语句——Select Case 语句。其执行流程如下：

Select Case 多分支语句 Select Case ＜情况表达式＞
  Case　＜表达式列表 1＞
       ＜语句块 1＞
  Case　＜表达式列表 2＞
       ＜语句块 2＞
  …
  ｛Case Else
       ＜语句块 N＋1＞｝
End Select

先计算情况表达式的值,然后依次与 Case 后面表达式列表 1、表达式列表 2……中的值比较,若有匹配的,则执行它对应的语句块,执行完该语句块则结束 Select Case 语句,跳出 End Select,不再与后面表达式列表比较。因此,即使后面的表达式列表中还有与表达式的值相匹配的,也不会去执行它下面的语句块了。当表达式的值与后面所有表达式列表的值都不匹配时,若有 Case Else 语句,则执行 Case Else 后面的语句块 N＋1,若没有 Case Else 语句,则什么也不做,直接结束 Select Case 语句,跳出 End Select。

【例 3-9】 输入一个成绩,算出成绩等级。这一题的界面和例 3-7 一致,只是代码实现不同。在按钮的 Click 事件中输入如图 3-47 所示代码。

```
test.xlsm - UserForm6 (代码)
CommandButton1

Private Sub CommandButton1_Click()
Dim x As Integer, y As String
TextBox1.Text = ""
x = Val(InputBox("请输入成绩"))
Select Case x
    Case Is > 100, Is < 0
        y = "成绩输入有误"
    Case Is >= 90
        y = "优秀"
    Case Is >= 80
        y = "良好"
    Case Is >= 70
        y = "中等"
    Case Is >= 60
        y = "及格"
    Case Else
        y = "不及格"
End Select

TextBox1.Text = y

End Sub
```

图 3-47　编辑代码

解析　运行结果如图 3-48 所示。
Select Case 的情况表达式还可以是以下几种形式:
(1)表达式,表达式
(2)表达式　to　表达式
(3)is 关系运算表达式,使用的运算符包括＜、＜＝、＞、＞＝、＜＞、＝。

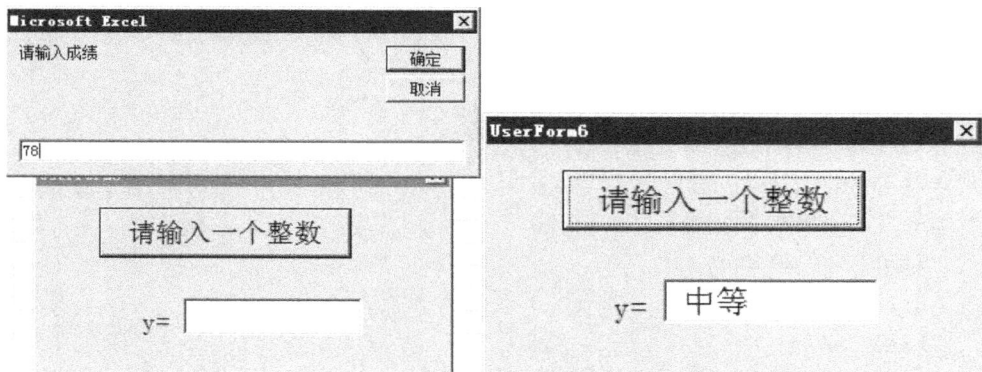

图 3-48　运行结果

（4）Case Else，不包括以上的其他所有情况。

例如：

　　Case 1 to 10

　　测试变量的值落在 1 到 10 的范围内，则匹配，符合条件。

　　Case 1 to 5,12

　　测试变量的值落在 1 到 5 的范围内，或者 12，则匹配。

　　Case "Xie","Li" to "Wang"

　　测试变量的值落为"Xie"，或者落在"Li"到"Wang"的范围内，则匹配。

【例 3-10】　机票打折问题。设计一个售机票程序，能根据月份和订票数决定优惠率，计算票价，原始票价为 1157 元。

（1）在旅游旺季的 7—9 月，如果订票数≥20 张，票价优惠 15%；20 张以下，票价优惠 5%。

（2）在旅游淡季 1—5 月以及 10 月和 11 月，如果订票数≥20 张，票价优惠 30%；20 张以下，票价优惠 20%。

（3）其他月份，一律优惠 20%。

运行结果如图 3-49 所示。

图 3-49　运行结果

解析　具体实现代码如下（控件的具体名称可以自定，这里采用默认）：

```
Private Sub CommandButton1_Click()
Dim op As Double, cp As Double, discount As Double
```

```
Dim m As Integer, ps As Integer
op = Val(TextBox1.Text)
m = Val(TextBox2.Text)
ps = Val(TextBox3.Text)
Select Case m
  Case 7, 8, 9
    If ps >= 20 Then
        discount = 0.85
    Else
        discount = 0.95
    End If
  Case 1 To 5, 10, 11
    If ps >= 20 Then
        discount = 0.7
    Else
        discount = 0.8
    End If
  Case Else
    discount = 0.8
  End Select
  cp = op * discount
  Label6.Caption = discount
  Label7.Caption = cp
End Sub
```

3.3.5　选择嵌套

If 语句和 Select 语句均为选择语句,相互之间均可以嵌套使用。对于需要编程解决的问题,可以依据实际情况灵活使用。以下是一些可用的嵌套结构。

形式 1:
```
If  表达式  Then
  If  表达式  Then
      语句 1
  Else
      语句 2
  End If
End If
```
形式 2:
```
If 表达式  Then
  Select Case 表达式
```

```
      Case 表达式列表
          If 表达式   Then
            语句 1
          Else
            语句 2
          End If
      Case 2
            语句 3
      End Select
End If
```

【例 3-11】　输入年和月后,输出该年该月的天数。

在窗体上设计如图 3-50 所示的控件。

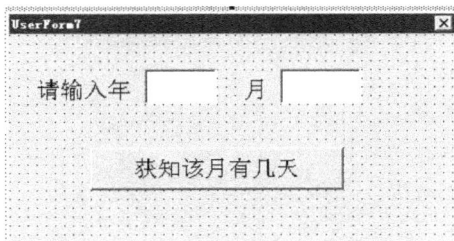

图 3-50　窗体控件设计

在按钮的 Click 事件中输入如图 3-51 所示代码。

```
CommandButton1
    Private Sub CommandButton1_Click()
    Dim a As Integer, b As Integer
    Dim day As Integer
    a = Val(TextBox1.Text)
    b = Val(TextBox2.Text)

    Select Case b
        Case 1, 3, 5, 7, 8, 10, 12
            day = 31
        Case 4, 6, 9, 11
            day = 30
        Case 2
            If b Mod 4 = 0 And b Mod 100 <> 0 Or b Mod 400 = 0 Then
                day = 29
            Else
                day = 28
            End If
    End Select
    MsgBox "该月有" & day & "天!"
    End Sub
```

图 3-51　编辑代码

运行结果如图 3-52 所示。

图 3-52　运行结果

嵌套结构的使用没有定势,但必须是逐层嵌套,一定要避免交叉嵌套的出现,像如下情况不允许出现。

```
If 表达式   Then
    Select Case 表达式
        Case 表达式列表
            If 表达式   Then
                语句 1
            Else
                语句 2
            End If
        Case 2
End If
    End Select
```

If 语句和 Select 语句交叉使用,不能运行,请注意!

3.4　循 环 结 构

本章前面小节已经详细介绍了两种结构化程序设计的基本结构,即顺序结构和选择结构,本节将要介绍的是循环结构。在程序设计中,有规律地反复执行某些运算和操作,可以用循环来解决,反复执行的程序段被称为"循环体"。"循环体"根据循环条件是否成立来决定是否重复执行。

VBA 语言提供了多种循环语句来设计结构,常用的有 do...loop 语句和 for...next 语句,这两种循环结构可以实现所有的循环要求。另外,还有 do...until 和 while...wend 两种结构,它们更多的是为了符合英语的语法要求,尤其是 do...until 结构,在其他语言中较为罕见。为了简单起见,这里只讨论前面两种。

3.4.1　引　例

【例 3-12】　计算并输出 $1+2+3+4+5$。

解析　在窗体上设计如图 3-53 所示的控件。

图 3-53　窗体控件设计

在按钮的 Click 事件中输入如图 3-54 所示代码。

```
CommandButton1
Private Sub CommandButton1_Click()
Dim i As Integer, sum As Long
i = 1
s = 0
Do While i <= 5
    sum = sum + i
    i = i + 1
Loop
MsgBox "1+2...+5的和为" & sum
End Sub
```

图 3-54　代码编辑

运行结果如图 3-55 所示。

图 3-55　运行结果

（1）在以上程序段中,i 为循环变量,用来控制循环的次数,其另外一个功能是在循环体中取得各单项的值。变量 sum 用来存放累加和。语句 Do while i<＝5 括号中为循环体执行的条件,其功能为:当表达式 i<＝5 的值为真(非 0 值)时,执行循环体;当表达式 i<＝5 的值为假(0 值)时,跳出循环体后执行其后续语句。语句 sum＝sum＋i 和 i＝i＋1 为循环体。

（2）程序执行过程。

初值:i＝1,sum＝0。

第 1 次循环:判断 1<＝5 为真,执行循环体"sum＝0＋1＝1,i＝1＋1＝2"。

第 2 次循环:判断 2<＝5 为真,执行循环体"sum＝1＋2, i＝2＋1＝3"。

第 3 次循环:判断 3<＝5 为真,执行循环体"sum＝1＋2＋3, i＝3＋1＝4"。

第 4 次循环:判断 4<＝5 为真,执行循环体"sum＝1＋2＋3＋4, i＝4＋1＝5"。

第 5 次循环:判断 5<＝5 为真,执行循环体"sum＝1＋2＋3＋4＋5, i＝5＋1＝6"。

第 6 次循环:判断 6<＝5 为假,跳出循环体,执行后续语句。

3.4.2 Do while...Loop 循环结构

Do while...Loop 语句的一般形式如下：

Do While ＜条件表达式＞

    ＜语句块＞

    ＜Exit Do＞

    ＜语句块＞

Loop

执行过程如下：判断表达式（循环条件）的值，若为真（非 0）则重复执行循环体语句；若为假（0）则结束循环，并执行后续语句。其执行流程如图 3-56 所示。

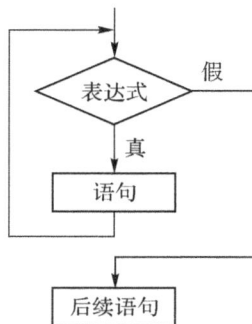

图 3-56　Do while...Loop 语句执行流程

Do while...Loop 语句使用特点：

（1）先判断循环条件是否成立，继而决定是否执行内部的循环体。考虑特殊情况：如果最初的条件表达式值就为假，则循环一次也不会执行。

（2）语句中一定要有循环条件不满足的时机，即循环体内一定要有修改循环条件中的表达式值的语句，使得表达式值最终为假，或者有跳出循环的语句，否则将进入死循环。

（3）循环体可以是单条语句，也可以是复合语句，还可以是空语句，空语句表示不执行任何操作。

【例 3-13】　输入一整数 n，计算并输出 $1 \sim n$ 之间的偶数和（若 n 为偶数，则包括 n）。

解析　在窗体上设计如图 3-57 所示的控件。

图 3-57　窗体控件设计

在按钮的 Click 事件中输入如图 3-58 所示代码。

```
CommandButton1
    Private Sub CommandButton1_Click()
    Dim i As Integer, sum As Integer, n As Integer
    i = 1
    sum = 0
    n = Val(InputBox("请输入一个正整数"))
    Do While i <= n
        If i Mod 2 = 0 Then
            sum = sum + i
        End If
        i = i + 1
    Loop
    MsgBox "偶数和为: " & sum
    End Sub
```

图 3-58　代码编辑

运行结果如图 3-59 所示。

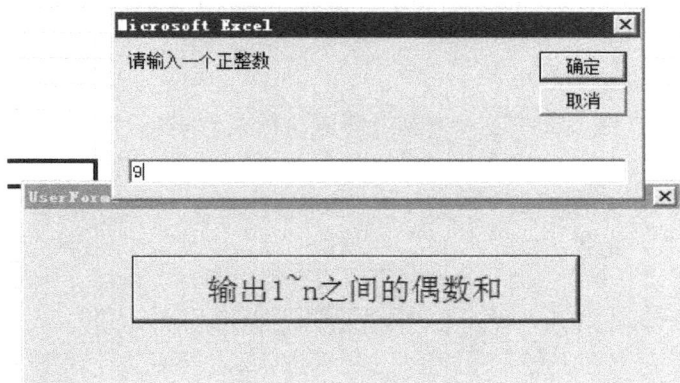

图 3-59　运行结果

（1）变量 sum 用于存放累加求和的结果，所以必须初始化为 0。若没有初始化的步骤，sum 的初值将会是一个随机值。

（2）程序段中 i 的初值为 1。

（3）执行 Do while 语句循环体前，先判断条件 i≤＝n 是否成立，若成立，执行循环体，循环体中判断 i 若为偶数则将其累加到 sum，继续执行内嵌语句 i＋＋，i 的值为 2。

（4）继续判断条件，若 i≤＝n 成立，则仍进入循环体内所有语句，直到当 i＞n 时，循环条件不成立，跳出循环语句执行 MsgBox。此时 i 的值应为 n＋1。

（5）程序执行过程（若 n 输入为 100）：

初值：i＝1，n＝100，sum＝0。

第 1 次循环：循环条件 1＜＝100 成立，1％2＝＝0 不成立，i＝2。

第 2 次循环：循环条件 2＜＝100 成立，2％2＝＝0 成立，sum＝2，i＝3。

第 3 次循环：循环条件 3＜＝100 成立，3％2＝＝0 不成立，i＝4。

第 4 次循环：循环条件 4＜＝100 成立，4％2＝＝0 成立，sum＝2＋4，i＝5。

第 5 次循环：循环条件 5＜＝100 成立，5％2＝＝0 不成立，i＝6。

……

第 99 次循环：循环条件 99＜＝100 成立，99％2＝＝0 不成立，i＝100。

第 100 次循环:循环条件 100≤=100 成立,100%2==0 成立,sum=2+4+…+100,i=101。

第 101 次循环:循环条件 101≤=100 不成立,跳出循环体,执行后续语句。

【思考】

(1) 假设变量 m 是用来存放(1*2*3*…*n)累积后的结果,则变量 m 应初始化为多少? 为什么?

(2) 语句 sum=0 的位置若移动到循环体内部,会影响计算结果吗? 为什么?

(3) 语句 MsgBox 可以移动到循环体内部吗? 为什么?

Do…Loop while 语句的一般形式为

```
Do
    <语句块>
    <Exit Do>
    <语句块>
Loop while<表达式>
```

执行过程如下:首先无条件进入一次循环体执行语句,然后计算 while 条件表达式(循环条件)的值,若为真(非 0)则重复执行循环体语句,若为假(0)则结束循环,执行后续语句。其执行流程如图 3-60 所示。

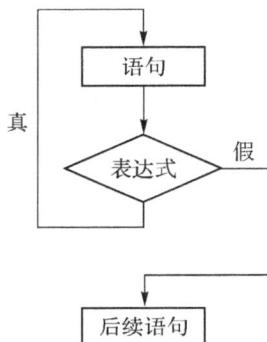

图 3-60　Do…Loop while 语句执行流程

Do…Loop while 语句使用特点:

(1) 语句先无条件进入循环体一次,然后判断条件是否成立,继而决定是否执行下一次的循环。考虑特殊情况:如果最初的条件表达式值就为假,也会执行一次循环体(与 while 语句不同)。

(2) 语句中一定要有循环条件不满足的时机,即循环体内一定要有修改循环条件中的表达式值的语句使得表达式值最终为假,或者有跳出循环的语句,否则将进入死循环。

(3) 语句循环体可以是单条语句,也可以是复合语句,还可以是空语句,空语句表示不执行任何操作。

【例 3-14】　找出并输出 1~500 中被 7 除余 5,被 5 除余 3,被 3 除余 2 的整数。

解析　在按钮的 Click 事件中输入如下代码:

```
Dim i As Integer, j As Integer
i = 2
```

```
j = 1
Do
   If i Mod 7 = 5 And i Mod 5 = 3 And i Mod 3 = 2 Then
        Debug.Print i
        j = j + 1
   End If
   i = i + 1
Loop While i <= 500
```

运行结果如图 3-61 所示。

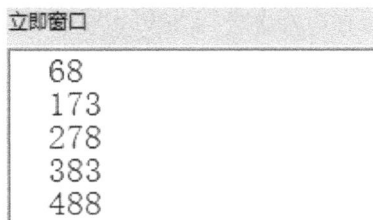

图 3-61　调试运行结果

while 语句与 Do…while 语句使用方法类似,一般情况下也可以相互转换。只有当循环条件首次循环就不满足时,这两种语句的运行结果才不一样。下面通过两个例题的比较来说明这两种语句的异同。

【**例 3-15**】　分别用 Do while…Loop 语句与 Do…Loop while 语句输出 i 到 5 的平方和(i 由键盘输入),如图 3-62 和图 3-63 所示。

```
Private Sub CommandButton1_Click()
Dim i As Integer, s As Integer
s = 0
i = Val(InputBox("请输入i"))
Do While i <= 5
    s = s + i * i
    i = i + 1
Loop
MsgBox "s=" & s
End Sub
```

图 3-62　先判断

```
Private Sub CommandButton2_Click()
Dim i As Integer, s As Integer
s = 0
i = Val(InputBox("请输入i"))
Do
    s = s + i * i
    i = i + 1
Loop While i <= 5
MsgBox "s=" & s

End Sub
```

图 3-63　后判断

程序运行结果如下:

若输入 1,上述两段程序的运行结果一样:s=55。

若输入 6,使用 Do while…Loop 语句程序段运行,结果为 0;使用 Do…Loop while 语句程序段运行结果为 36。

说明:

(1) 上述例题中,当输入的值为 i<=5 时,使用 Do while…Loop 语句和 Do…Loop while 语句的程序得到的结果都是一样的。

(2) 当输入的值不满足 i<=5 时,结果大相径庭:Do while…Loop 语句中,执行循环体时,首先判断循环条件是否满足,从而决定是否进入循环体内执行。此时,一次循环体不

会执行就会跳出循环,跳出循环时,s 的值为初值 0。Do...Loop while 语句首先执行循环体 1 次后,再判断循环条件是否满足,从而决定下一次是否再进入循环体内执行。此时,循环体执行一次后跳出循环,跳出循环时,s 的值为执行一次循环体后的值,s＝36。

3.4.3 for...next 语句

for 循环控制变量名＝初值 to 终值 step 步长 '循环头

      循环体语句

next 循环控制变量名   '循环尾

执行流程:当程序执行到 for...next 结构时,首先把初值赋给循环控制变量,然后把循环控制变量的当前值跟终值进行比较,如果当前值大于终值(步长为正数时),则跳出循环,执行循环尾(next)后面的语句。如果当前值小于或等于终值,则继续执行循环体语句,一直执行到循环尾(next 语句)时,再重新返回到循环头,这时循环控制变量的值自动加上步长,再把其当前值跟终值进行比较,如果大于终值,则退出循环;若小于或等于终值,则继续循环。

for...next 循环结构的强制退出语句:exit for。

相对前面两种循环语句,for 语句的功能更强,使用更为灵活。其执行流程如图 3-64 所示。

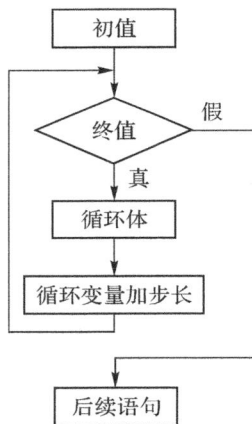

图 3-64 for 语句执行流程

【例 3-16】 使用 for 语句来实现计算并输出 $1＋2＋3＋\cdots＋5$ 的功能。(具体实现和前文类似。)

解析

```
Private Sub CommandButton1_Click()
Dim i As Integer, s As Integer
s = 0
For i = 1 To 5
  s = s + i
Next
  MsgBox "s = " & s
```

End Sub

【例 3-17】　输出水仙花数(水仙花数是指一个三位数,这个数等于它的百位、十位、个位数字的立方和)。如 153 是水仙花数,因为 $153 = 1^3 + 5^3 + 3^3$。

解析

```
Dim i As Integer, j As Integer
Dim a As Integer, b As Integer, C As Integer
j = 1
for i = 100 To 999
  a = Int(i / 100)
  b = Int((i - 100 * a) / 10)
  C = i Mod 10
  If a ^ 3 + b ^ 3 + C ^ 3 = i Then
      Debug.Print i
      j = j + 1
  End If
Next
```

运行结果在立即窗口中显示,如图 3-65 所示。

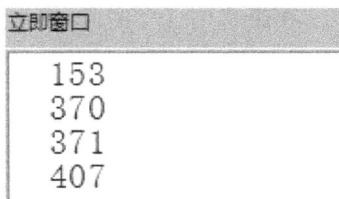

图 3-65　运行结果

3.4.4　循环嵌套及复杂嵌套

循环的嵌套的格式如下:

外循环头
内循环头
语句
内循环尾
外循环尾

【例 3-18】　编写程序,请找出 $100 \sim 200$ 的所有素数并依次输出在 A 列各单元格。

解析　程序代码如下:

```
Private Sub CommandButton3_Click()
Dim flag As Integer        '标识变量,1 表示素数,0 表示和数
Dim i As Integer
For i = 100 To 200 Step 1
  flag = 1
```

```
    For j = 2 To Int(Sqr(i))
        If i Mod j = 0 Then
            flag = 0
            Exit For
        End If
    Next j
    If flag = 1 Then
        n = n + 1
        Debug.Print i & "   ";
    End If
Next i
End Sub
```

输出结果如图 3-66 所示。

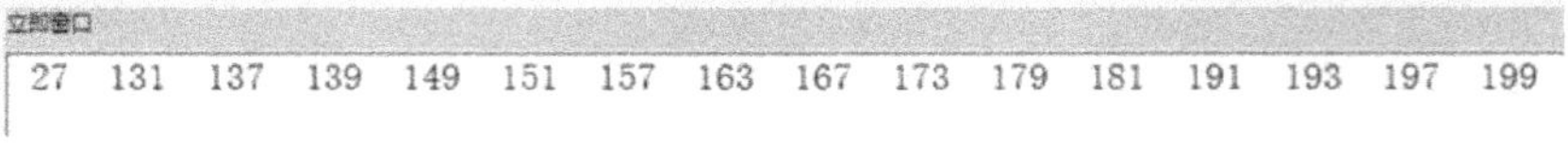

图 3-66　调试运行结果

【例 3-19】　在 Excel 工作表中输出如图 3-67 所示的 9×9 乘法表。

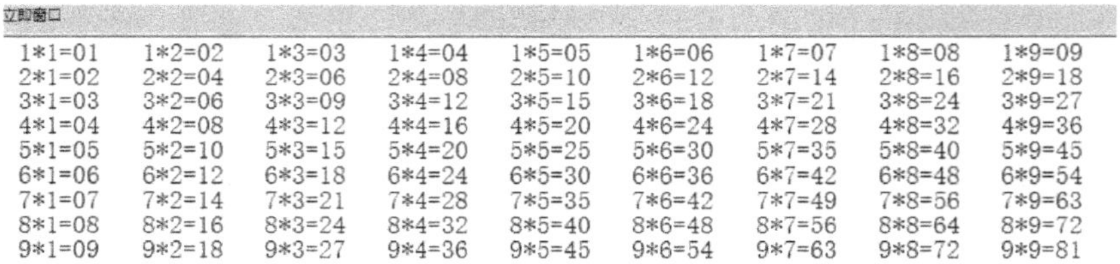

图 3-67　九九乘法表

解析　程序代码如下：

```
Private Sub CommandButton4_Click()
Dim i As Integer, j As Integer
For i = 1 To 9
    For j = 1 To 9
        Debug.Print i & " * " & j & " = " & Format(i * j, "00") & "    ";
    Next j
    Debug.Print
Next i
End Sub
```

如果想输出如图 3-68 所示的效果，则相应的程序代码如下：

```
Private Sub CommandButton4_Click()
Dim i As Integer, j As Integer
For i = 1 To 9
```

```
立即窗口
1*1=01
2*1=02   2*2=04
3*1=03   3*2=06   3*3=09
4*1=04   4*2=08   4*3=12   4*4=16
5*1=05   5*2=10   5*3=15   5*4=20   5*5=25
6*1=06   6*2=12   6*3=18   6*4=24   6*5=30   6*6=36
7*1=07   7*2=14   7*3=21   7*4=28   7*5=35   7*6=42   7*7=49
8*1=08   8*2=16   8*3=24   8*4=32   8*5=40   8*6=48   8*7=56   8*8=64
9*1=09   9*2=18   9*3=27   9*4=36   9*5=45   9*6=54   9*7=63   9*8=72   9*9=81
```

图 3-68　九九乘法表(左下角)

```
  For j = 1 To i
      Debug.Print i & " * " & j & " = " & Format(i * j, "00") & "    ";
  Next j
  Debug.Print
Next i
End Sub
```

如果想只输出单对线角或双对角线的呢(见图 3-69)? 其程序代码如下:

```
Private Sub CommandButton4_Click()
Dim i As Integer, j As Integer
For i = 1 To 9
  For j = 1 To 9
      If i = j Or i + j = 10 Then
          Debug.Print i & " * " & j & " = " & Format(i * j, "00") & "    ";
      Else
          Debug.Print "        ";
      End If
  Next j
  Debug.Print
Next i
End Sub
```

```
立即窗口
1*1=01                                                                  1*9=09
        2*2=04                                                  2*8=16
                3*3=09                                  3*7=21
                        4*4=16                  4*6=24
                                5*5=25
                        6*4=24                  6*6=36
                7*3=21                                  7*7=49
        8*2=16                                                  8*8=64
9*1=09                                                                  9*9=81
```

图 3-69　九九乘法表(对角线)

【例 3-20】　要求输入行数(如 5),并在立即窗口中输出如图 3-70 所示图形。

图 3-70　调试运行结果

解析　程序代码如下：

```
Dim n As Integer
n = Val(InputBox("输入行数"))
For i = 1 To n
  '先打印第 i 行的空格
  For j = 1 To n - i
      Debug.Print " ";
  Next j
  '再打印若干个 * 号
  For j = 1 To 2 * i - 1
      Debug.Print " * ";
  Next j
  Debug.Print '换行
Next i
```

如果想要输出如图 3-71 所示的图形呢？其程序代码如下：

```
Private Sub CommandButton2_Click()
Dim n As Integer
n = Val(InputBox("输入行数"))
For i = 1 To n
  '先打印第 i 行的空格
  For j = 1 To n - i
      Debug.Print " ";
  Next j
  '再打印若干个 * 号
  For j = 1 To 2 * i - 1
      Debug.Print " * ";
  Next j
  Debug.Print '换行
Next i
'下半部同样的,每一行需要先处理空格,然后才打印 * ,再换行
For i = n - 1 To 1 Step - 1
  '先打印第 i 行的空格
```

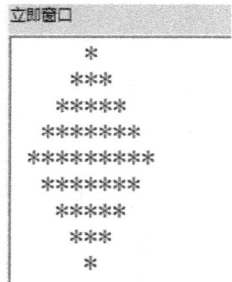

图 3-71　调试运行结果

```
    For j = 1 To n - i
        Debug.Print " ";
    Next j
    '再打印若干个 * 号
    For j = 1 To 2 * i - 1
        Debug.Print " * ";
    Next j
    Debug.Print '换行
Next i
```

打印下三角形,关键之处是循环变量的变换是从 n－1 到 1,所以上三角和下三角实现的代码看起来几乎一样。如果打印下三角形时循环变量是从 1 到 n－1,则情况会稍微复杂些。如果想实现如图 3-72 所示的图形,其代码实现如下,特别注意空格和 * 的数量:

```
*******
 *****
  ***
   *
```

图 3-72　调试运行结果

```
Dim n As Integer
n = Val(InputBox("输入行数"))
For i = 1 To n
    '先打印第 i 行的空格
    For j = 1 To i - 1
        Debug.Print " ";
    Next j
    '再打印若干个 * 号
    For j = 1 To 2 * (n - i) - 1
        Debug.Print " * ";
    Next j
    Debug.Print '换行
Next i
```

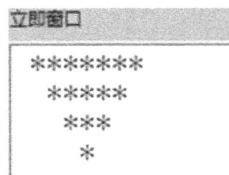

3.5　习　题

1. 判断题

(1) If 语句中的条件表达式最终被看作关系表达式或逻辑表达式。　　　　(　　)
(2) 在情况语句中,各分支(即 case 表达式)的先后顺序无关。　　　　(　　)
(3) 有 If 则必有与之对应的 End If。　　　　(　　)
(4) 下面程序段运行后,显示的结果是 0。　　　　(　　)

```
Dim X As Integer
If X Then
    Debug.Print X
Else
```

```
        Debug.Print X + 1
    End if
```

（5）在 Do while...Loop 和 Do...Loop while 循环结构中,只要给定的循环条件是一样的,就可以实现同样的循环控制。　　　　　　　　　　　　　　　　　　（　　）

（6）Do...loop while 语句实现循环时,不管条件真假,首先无条件地执行一次循环。

　　　　　　　　　　　　　　　　　　　　　　　　　　　　　　　　（　　）

（7）For 循环语句正常结束（即不是通过 Exit For 语句或强制中断）,其循环控制变量的值一定大于"终值"。　　　　　　　　　　　　　　　　　　　　　　　　（　　）

（8）如果有多重 Do 循环嵌套,位于最里层循环体语句中的 Exit Do 语句可以退出所有的循环　　　　　　　　　　　　　　　　　　　　　　　　　　　　　（　　）

（9）For...Next 循环结构的默认步长为1。　　　　　　　　　　　　　（　　）

（10）如果 x 是 single 类型,循环结构 For x = 1 to 10 step 1.5 共执行 7 次。　（　　）

（11）下一程序段循环结构执行后,输出 i 的值是 10。　　　　　　　　　（　　）

```
For i = 1 to 10 step 2
    y = y + i
Next i
Debug.Print i
```

（12）以下程序循环的执行次数是 2。　　　　　　　　　　　　　　　（　　）

```
Dim a as integer, x as integer
x = 0
a = 0
Do while x< = 20
    a = a + 2
    x = x + a * a
Loop
```

2. 填空题

（1）设变量 r 表示圆的半径,则计算圆的面积并赋给变量 s 使用的赋值语句为_____。

（2）为了求 n 的阶乘,要求用户输入 n 的值。程序使用 InputBox 函数输入,要求对话框提示信息为"请输入一个求阶乘的数:",标题为"求数的阶乘",并且正确地把输入的信息转换为数值存放到变量 n 中,则使用的赋值语句为_____。

（3）注释语句是一个_____语句,VB 不对它们进行编译,对程序的执行结果没有任何影响。

（4）若 Case 子句中的表达式表列具有形式"<表达式1> To <表达式2>",则它的含义是:当测试表达式的值等于_____时,执行该 Case 子句相应的程序块。

（5）若 Case 子句中的表达式表列具有形式"Is <关系运算符> <表达式>",则它的含义是:当测试表达式的值满足_____时,执行该 Case 子句相应的程序块。

（6）在循环语句中,反复执行的程序段称为_____;进入循环体的条件称为_____;中止循环体执行的条件称为_____。

3. 程序填空题

(1) 编程计算累加和 Sum：Sum＝1＋2＋3＋4＋…＋10。

程序代码如下：

```
Dim i as integer,sum as single
sum = _____ : i = 1
do while i< = 10
    sum = _____ + i
    i = i + 1
loop
debug.print "sum = ";sum,"i = ";i
```

(2) 编程计算阶乘 5！1×2×3×4×5。

程序代码如下：

```
Dim i as integer,s as single
S = _____
For i = 1 to 5
   s = _____ * i
Next i
Msgbox "s = " & s
```

(3) 在电子表格 Sheet1 中打印九九乘法表下三角形部分。

程序代码如下：

```
Private Sub CommandButton1_Click()
Dim i  as integer, j  as integer
For i = 1 To 9
  For j = 1 To _____
    CELLS(I,J) = i * _____
  Next j
Next i
End Sub
```

(4) 输入 5 个数，输出它们的最大值和最小值。

程序代码如下：

```
Dim x as single,i  as integer,max as single,min as single
X = val(inputbox("x = "))
Max = x:min = x
For i = 2 to 5
    _____ = val(inputbox("x = "))
    If x>max then
    _____ = x
    End if
    If x<min then
```

```
        min = x
    End if
Next i
Cells(1,1) = "max = " + str(max)
Cells(2,1) = "min = " & min
```

（5）计算以下函数值。

$$y = \begin{cases} x+1, x \geqslant 0 \\ 0, x < 0 \end{cases}$$

程序代码如下：

```
dim x as single,y as single
x = inputbox("x = ")
if x> = 0 then
_____ = x + 1
endif
if x<_____ then
  y = 0
endif
```

（6）计算如下函数的值。

$$y = \begin{cases} x+1, x \geqslant 0 \\ x-1, 5 \leqslant x < 0, \\ x \times x, -10 \leqslant x < -5 。 \\ 0, 其他 \end{cases}$$

程序代码如下：

```
Dim x as single, y as single
X = val(inputbox("x = "))
If x> = 0 then
Y = x + 1
Elseif -5< = x and x<0 then
    Y = x -_____
Elseif -10<x and x<-5 then
  Y = x * x

  _____
  Y = 0
Endif
Textbox1.text = "y = " + str(y)
```

（7）用多分支块 If 实现计算如下函数的值。

$$y = \begin{cases} \cos 60° \times (10 - \log 10x), x \geqslant 0 \\ x^3 - 100, -5 < x < 0 \\ 0, 其他 \end{cases}$$

程序代码如下：

```
Dim x as single,y as single
X = val(inputbox("x = "))
If x > = 0 then
Y = (10 - log(x) / log(10)) * cos(3.14159 * 60 / _____)
Elseif - 5 < x and x < 0 then
  Y = x * x * x - 100
Else
  Y = 0
Endif
Textbox1.text = "y = " + _____
```

（8）判断一个自然数 i 是不是素数，如果是素数就放入当前电子表格中第一行第一列单元格。

程序代码如下：

```
i = inputbox("i = ")
flag = _____
for j = 2 to int(sqr(i))
  if I _____ j = 0 then
    flag = false
  endif
next j
if flag then
  cells(1,1).value = i
endif
```

（9）输出三位自然数中所有水仙花数到电子表格 Sheet1 的第一列中。

程序代码如下：

```
Dim a  as integer,b  as integer,c  as integer,j  as integer,i  as integer
J = 1
For i = 100 to 999
  A = i\100            '百位数
  B = (i - a * 100)\10  '十位数
  C = i _____ 10    '个位数
  If a * a * a + b * b * b + c * c * c = i then
    cells(j,1) = i
    J = _____ + 1
  Endif
Next i
```

（10）设计一个求解一元二次方程的程序，要求考虑实根、虚根等情况。

程序代码如下：

```
Private Sub Command1_Click()
    Dim A as single, B as single, C as single, X1 as single, X2 as single, Disc as
single
    A = Val(Text1.Text)
    B = Val(Text2.Text)
    C = Val(Text3.Text)
    Disc = B * B - 4 * A * C
    if _____ > = 0 Then
      X1 = ( - B + Sqr(Disc)) / (2 * A)
      X2 = ( - B _____ Sqr(Disc)) / (2 * A)
      Text4.Text = Str(X1)
      Text5.Text = Str(X2)
    else
      X1 = - B/(2 * A)
      X2 = Sqr(Abs(Disc))/(2 * A)
      Text4.Text = Str(X1) & " + " & Str(X2)& "i"
      Text5.Text = Str(X1) & " - " & Str(X2)& "i"
    End If
End Sub
```

（11）输入年、月，输出该月天数（判断 Y 年是否闰年的条件是 Y Mod 4＝0 And Y Mod 100<>0 or Y Mod 400＝0）。

程序代码如下：

```
Private Sub Form_Click()
  Dim Y As Integer, M  As Integer, D As Integer
  Y = Inputbox("输入年份", "输入数据")
  M = Inputbox("输入月份", "输入数据")
  _____ case m
  Case 1, 3, 5, 7, 8, 10, 12
    D = 31
  Case 4,6,9,11
    D = 30
  Case 2
    If Y Mod 4 = 0 And Y Mod 100 <> 0 Or Y Mod 400 = 0 Then
      D = _____
    Else
      D = 28
    End If
  End Select
  Print Y; "年"; M; "月有"; D; "天"
```

End Sub

4. 选择题

(1) 下列选项中,(　　)不能交换变量 a 和 b 的值。

A. t＝b：b＝a：a＝t　　　　　　　B. a＝a＋b：b＝a－b：a＝a－b

C. t＝a：a＝b：b＝t　　　　　　　D. a＝b：b＝a

(2) 若在消息框 MsgBox 中显示"确定(Ok)"和"取消(Cancel)"两个按钮,则 buttons 参数的设置值是(　　)。

A. 0　　　　　　　B. 1　　　　　　　C. 2　　　　　　　D. 3

(3) 若在消息框 MsgBox 中选择第二个按钮为默认值,则 buttons 参数的设置值是(　　)。

A. 0　　　　　　　B. 256　　　　　　C. 512　　　　　　D. 768

(4) 若单击了"终止(Abort)"按钮,则 MsgBox 函数的返回值是(　　)。

A. 1　　　　　　　B. 2　　　　　　　C. 3　　　　　　　D. 4

(5) 设有如下程序段:

```
Dim  k as Integer
k = 5
Do  while  > = 0
  k = k - 1
Loop
```

则下面对循环语句描述正确的是(　　)。

A. 循环体 1 次也不执行　　　　　　B. 循环体执行 1 次

C. 循环体 k＝k－1 执行 5 次　　　　D. 循环体执行无限次

(6) 下面程序段中循环语句的循环次数是(　　)。

```
For  x = 10  To  1    Step - 2
  Debug.Print  x
Next  x
```

A. 0　　　　　　　B. 4　　　　　　　C. 5　　　　　　　D. 10

(7) 执行语句 For i＝1 to 7：i＝i＋3：Next i 后变量 i 的值是(　　)。

A. 7　　　　　　　B. 9　　　　　　　C. 10　　　　　　D. 6

(8) 执行下列程序段后的输出结果是(　　)。

```
Dim I as integer
Do while x<8
    Debug.Print "*";
x = x + 2
Loop
```

A. *　　　　　　　B. * *　　　　　　C. * * *　　　　　　D. * * * *

(9) 执行下列程序段后的输出结果是(　　)。

```
For  i = 1 To  2
  s = 1
```

```
For   j = 0 To   i - 1
   s = s + s * j
Next j
   Print   s
Next   i
```

A. 1　　1　　　　B. 1　　2　　　　C. 2　　1　　　　D. 2　　2

（10）给定如下程序段：

```
Dim   a   As   Integer,  b   As   Integer,   c   As   Integer
a = 5;b = 12;c = 18
If   a = c - b   Then
   Debug.Print   "＃＃＃＃＃"
Else
   Debug.Print   "＊＊＊＊＊"
endif
```

其运行结果为（　　　）。

A. 没有输出　　　　　　　　　B. 有语法错误

C. 输出 ＃＃＃＃＃　　　　　　D. 输出 ＊＊＊＊＊

（11）把 *a* 和 *b* 之中的最大值存放于 max,下面语句书写正确的是（　　　）。

```
A. If   a>b   Then   max = a
    Else   max = b
    End   If
```

```
B. If   a>b   Then   max = a
    Else       max = b
    End   If
```

```
C. If   a>b   Then
    max = a
  Else
    max = b
```

```
D. If   a>b     Then
    max = a
  Else
    max = b
  End   If
```

（12）下列 Case 语句中正确的是（　　　）。

```
A. Select   Case   x
    Case   1   or   3   or   5
       y = x * x - 1
    Case   Is   >10
       y = x + 1
```

```
        End   Select
    B. Select   Case   x
        Case   1，  3，  5
            y = 2 ∗ x − 1
        Case   Is   x   ＜ = 1
            Y = 2 ∗ x + 1
        End   Select
    C. Select   Case   x
        Case   Is   ＜ = 0
            y = x − 1
        Case   Is   ＞0
            y = Sqr(x) + 1
        End   Select
    D. Select   Case   x
        Case   x＞ = 1   And   x＜ = 5
            y = x − 1
        Case   Is   ＞10
            y = x ∗ x + 1
        End   Select
```

5. 编程题

(1) 输入一个学生成绩,若成绩在 85 分以上,则输出“very good”;若成绩在 60 分到 80 分之间,则输出“good”;若成绩低于 60 分,则输出“no good”。

(2) 编程求 100～300 之间能被 7 除余 5,同时能被 5 除余 3 的最小整数。

(3) 求满足 $1^2+2^2+\cdots+n^2＞1000$ 的最小 n 值。

(4) 求 1000 之内的所有完数。所谓完数是指一个数恰好等于它的所有因子之和。例如 6 为完数,因为 $6=1+2+3$。

(5) 已知 $XYZ+YZZ=532$,其中 X、Y 和 Z 为 0～9 的数字,编程求出 X、Y 和 Z,并在窗体上把算式显示出来。

第4章

数　组

4.1　数组概念与数组声明

在 VBA 中，为了处理大量同类型数据的引用与编程，引入了数组。数组是指具有相同数据类型的一组数据。数组中的数据使用相同的名字，即数组名；不同的索引号，即数组下标。数组可以是一维的，可以是二维的，也可以是多维的。数组可以是静态的，也可以是动态的。以下先说明数组声明格式，之后通过例子说明这些概念。

声明一个数组与声明变量相似，只是声明数组时需要定义每维索引最小值和最大值，也称这一维的下标下界和下标上界，格式如下：

Dim|Static|Private|Public ＜数组名＞([第 1 维索引下界 to]第 1 维索引上界,[第 2 维索引下界 to]第 2 维索引上界,…) as ＜数据类型＞

Dim 是最常用的定义关键词，其他关键词定义的数组变量与 Dim 定义的数组变量的应用范围与生命周期不同，参见变量定义章节。

例如：Dim a(1 to 5) as Integer 定义一个一维数组 a，包含 5 个数组元素，均为整型数，下标从 1 到 5。引用数组元素时，可以利用 a(1)，a(2)，a(3)，a(4)，a(5)表示其中的 5 个元素。当引用的下标不在定义范围时，将引起"下标越界"错误。

例如：Dim b1(10) as Integer, abc(0 to 5) as String 定义一个整型一维数组 b1，有 11 个元素，下标从 0 到 10。注意：VBA 中定义数组时，"[第 x 维索引下界 to]"中的[ ]表示维的下界定义时可以省略，如果省略，VBA 默认下界为 0。另外，定义了一个一维数组 abc，字符串型，有 6 个元素，下标从 0 到 5。

例如：Dim c1(1 to 3, 1 to 10) as Single, c2(3, 1 to 5) as double 定义了一个二维数组 c1，是 3 行 10 列的单精度数组。另外，定义了一个 4 行 5 列的双精度型二维数组 c2。

一维数组的数据按线性排列，二维数组可以将数据的排列想象成有行、列的矩阵形式，三维数组的数据排列可以想象成立方块的形式。三维以上的数组的数据排列空间想象较困难，数据使用也较复杂，不做深入讨论。

4.2　数组赋值及与数组相关的函数和语句

数组中元素的值可以在定义之后，为各个元素分别赋值。例如，如下的 Sub aa1()运行后，立即窗口中显示的结果如图 4-1 所示。

```
Sub aa1()
    Dim a(1 To 5) As Integer, i As Integer
    For i = 1 To 5
        Debug.Print a(i);
    Next
    a(1) = 22
    a(2) = 5
    a(4) = 6
    debug.print
    For i = 1 To 5
        Debug.Print a(i);
    Next
End Sub
```

图 4-1　Sub aa1()运行结果

可以看出，数组在定义之后，每个元素均获得了默认的初值。这些初值与变量定义后的初值相似。例如，数值型数组定义后其所有元素初值为 0，字符串型数组定义后其所有元素的初始值为空串，布尔型数组定义后其所有元素初值为 false 等。

在定义数组时省略某个维的下标下界，VBA 默认的下界为 0，这个值也可以改为 1。利用 Option Base 语句，语法如下：

Option Base 0|1

因为系统默认数组下标下界为 0，所以 Option Base 0 语句是不需要的。如果希望将默认下标下界改为 1，则用 Option Base 1。该语句只能出现在窗体或者模块的声明部分，不能写在过程中。

对于一维数组，如果定义时已确定各元素的值，就可以用 Array()函数来定义和赋初值。此函数的语法形式为

变量＝Array(arglist)

arglist 是同一类型的数据列表，以逗号分隔。

例如，a4 = Array(0.05, 0.7, 0.0015, 0.088, 0.09)定义了一个有 5 个元素的数组 a4。在没有其他声明的情况下，如 Option Base 1，其下标为 0 到 4，其 5 个元素 a4(0)～a4(4)的值已经赋好。因为 a4 的类型没有显式声明，用 typename(a4)来测试 a4 数组的类型，我们会发现它是变体型的(Variant)。然而，运行下面 2 条语句，会在第 2 条产生错误"不能给数

组赋值”,因为 VBA 不允许给数组整体赋值。在定义了 a4 之后,a4 已经是一个数组,而 Array 会产生一个有值的数组,第 2 条语句相当于将一个数组整体赋值给另一个数组,因此出错。

```
Dim a4(4) As Single
a4 = Array(0.05, 0.7, 0.0015, 0.088, 0.09)
```

数组的下标上界值与下界值可以由函数获取。LBound()用来获得数组下标下界值,UBound()用来获得数组下标上界值,语法形式为:

```
LBound(arrayname [, dimension])
UBound(arrayname [, dimension])
```

在数组名 arrayname 后面,可选项加 dimension 表示要获取数组的哪一维的上界或下界,默认是第 1 维。若定义 Dim c1(1 to 3, 1 to 10) as Single,则 UBound(c1, 2) 获取数组 c1 第 2 维下标的上界,那么此函数返回值为 10。请问:如下程序段,运行后在立即窗口中输出的结果会是什么样的呢?

```
Dim c1(1 To 3, 1 To 10) As Single
Dim c2(3, 1 To 5) As Double
X = LBound(c1)
X1 = LBound(c2, 1)
X2 = UBound(c2, 2)
Debug.Print X; X1; X2
```

使用数组一般为了对它的全体数据进行一致处理,所以数组涉及的编程多数会用到循环。二维数组数据的组织按行与列的形式,一般涉及二重循环、外层循环控制行、内层循环控制列。

【例 4-1】 在当前 Excel 文档的 Sheet1 中已经存放了一些数据,如图 4-2 所示。将这些数据赋值给一个二维数组,并在立即窗口按二维形式输出其值。

解析 较经典的方法是用二重循环从 Sheet1 中取出数据并赋值给数组,再用二重循环将数组值按行、列形式打印到立即窗口,程序如 Sub aa21()。当然,此程序中两个二重循环是相同的,可以合并为一个二重循环,使数据从 Sheet1 中取出一个,就打印一个,结果是一样的。

	A	B	C	D	E	F
1	1.5	2	3	4		
2	4	4.5	5.5	6		
3	6	6	7.2	8		
4						
5						

图 4-2 Sheet1 中存放的数据

```
Sub aa21()
  Dim x(1 To 3, 1 To 4) As Single
  Dim i As Integer, j As Integer
  For i = 1 To 3
```

```
      For j = 1 To 4
         x(i, j) = Sheet1.Cells(i, j)
      Next j
   Next i
   For i = 1 To 3
      For j = 1 To 4
         Debug.Print x(i, j);
      Next j
      Debug.Print
   Next i
End Sub
```

另外,利用 Excel 的 Range 对象(Range 对象具体定义请参见 Excel 对象部分)可以将表中的一块矩形区域的数据直接赋值给数组。程序代码如下:

```
Sub aa22()
   Dim i1 As Integer, i2 As Integer
   Dim i3 As Integer, i4 As Integer
   x = Sheet1.Range("A1:D3")
   i1 = LBound(x, 1): i2 = UBound(x, 1)
   i3 = LBound(x, 2): i4 = UBound(x, 2)
   Debug.Print i1; i2; i3; i4
   Debug.Print
   For i = i1 To i2
      For j = i3 To i4
         Debug.Print x(i, j);
      Next j
      Debug.Print
   Next i
End Sub
```

程序运行结果如图 4-3 所示。

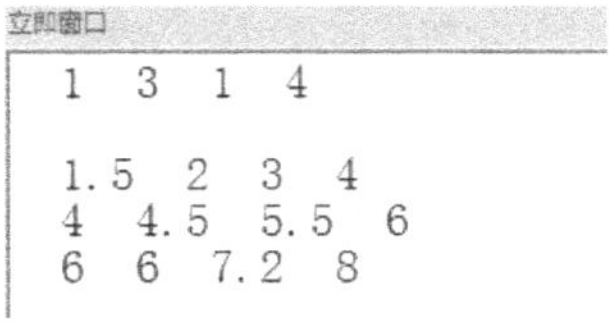

图 4-3 Sub aa22()运行结果

请注意,此程序中 x 是存放数据的二维数组,但是没有定义数组的语句。如果在此程序的语句 x = Sheet1.Range("A1:D3")之前加入一条 Dim x(3, 4) As Single,则运行时会出现错误:"不能给数组赋值"。这说明,Sheet1.Range("A1:D3")在 VBA 中是以数组形式存在的,如果 x 已经被定义为数组,则出现给数组整体赋值的情况,不被 VBA 允许。由图 4-3

的结果可以看出,由 Range 定义的数组的下界是 1,而不是 0。

前述例子中使用的数组均是静态的。静态数组以关键词 Dim 声明,声明语句中数组的下标界用整数常量,声明后其类型、维数、下标下界和上界在后面的程序中不能改变。动态数组以关键词 ReDim 声明,声明时数组下标的下界和上界可以用变量或者表达式;也可以在以 Dim 声明数组时不指定数组下标的下界和上界,使用数组前,再利用 ReDim 语句来定义它的下标下界和上界。在程序中,动态数组每一维的界以及维数均可根据需要改变。如下程序代码 Sub aa3() 中,数组 x() 最初被定义为整型空数组,之后将其重定义为二维数组,并进行了赋值与打印。再之后,将其重定义为三维数组,进行赋值与打印。此过程可以正确运行,结果如图 4-4 所示。可以看出,Debug.Print x(1, 2), x(3, 3) 语句中两个打印项之间用逗号,所以结果 3 与 5 之间距离较远;ReDim x(n, n, n + 7) 语句将 x 重定义为 $4 \times 4 \times 11$ 的三维数组,可以看作是有 4 个面,每个面有 4 行、11 列数据;随后的三重循环打印了数组中的 0~3 面,每一面的 0~3 行、0~3 列,也就是 4 个 4×4 的矩阵。

```
Sub aa3()
    Dim x() As Integer, n As Integer
    Dim i As Integer, j As Integer, k As Integer
    n = 7
    ReDim x(n, n) As Integer
    x(1, 2) = 3: x(3, 3) = 5
    Debug.Print x(1, 2), x(3, 3)
    n = 3
    ReDim x(n, n, n + 7)
    x(1, 1, 1) = 1: x(2, 2, 2) = 2: x(3, 3, 3) = 3
    For i = 0 To 3
        For j = 0 To 3
            For k = 0 To 3
                Debug.Print x(i, j, k);
            Next k
            Debug.Print
        Next j
    Next i
End Sub
```

图 4-4　Sub aa3() 运行结果

使用动态数组可以有效控制占用的存储空间,但使用过程较为复杂。

IsArray 函数用来判断一个变量是否为数组,语法如下:

IsArray(Varname)

Varname 是任一变量名。此函数返回值为 Boolean 型,如果 Varname 是数组变量,函数返回值为 True;否则,函数返回 False。

Erase 语句可以清除一个静态数组中的所有数据,使其回到初始化时的状态。对于动态数组,此语句可以释放其存储空间。其语法为

Erase arraylist

Arraylist 是一个或多个以逗号分隔的数组变量名。

4.3 数组的使用

数组与循环、条件等控制语句的结合使用,可实现大批量数据处理。

【例 4-2】 用随机函数产生 n 个 $0\sim1000$ 之间的整数,将它们赋值给一个数组,并求此数组中所有奇数的和。

解析 n 的值在题目中没有给定,可以用 InputBox 输入。产生 $0\sim1000$ 之间的随机整数可以用 $Int(Rnd()*1000)$,通过循环产生 n 个数赋值给数组。数组是一维的,大小为 n。因为 n 是变量,定义数组时不能使用 Dim,而应该使用 ReDim。为了参看结果,同时将数组内容输出,设求和变量 s。求和开始之前令 s 的值为零,接下来用循环加上条件语句,使奇数加到 s 上。最后输出 s。程序代码如下:

```
Sub aa4()
    Dim i As Integer, s As Integer
    Dim n As Integer
    n = Val(InputBox("Input n:"))
    ReDim r(1 to n) As Integer
    For i = 1 To n
        r(i) = Int(Rnd() * 1000)
        Debug.Print r(i);
    Next i
    Debug.Print
    s = 0
    For i = 1 To n
        If r(i) Mod 2 = 1 Then
            s = s + r(i)
        End If
    Next i
    Debug.Print s
End Sub
```

程序代码中,打印语句后面的分号表示,其后的打印数据不换行,挨着现在数据的后面打印。打印空语句用来换行。

【例 4-3】 有一组整数:134、341、66、27、843、99、12、75。编程将其按从小到大的顺序输出。

解析 在数组值确定的情况下,用 Array 赋初值较方便。这是一个排序问题。排序问题有很多解法,本例采用选择排序算法来实现。选择排序算法的基本思想是:第 1 趟,在待排序记录 $r(1)\sim r(n)$ 中选出最小的记录,将它换到 $r(1)$ 位置;第 2 趟,在待排序记录 $r(2)\sim r(n)$ 中选出最小的记录,将它换到 $r(2)$ 位置;以此类推,使有序序列不断增长直到全部排序完毕。算法也可表述为:从第 1 个数到倒数第 2 个数,每个数值均与其后的每个数值进行比较,在每次比较时将小的数换到数组中前面位置上。请从以下程序代码中体会此思想。

```
Sub aa5()
    Dim i, j, k As Integer
    r = Array(134, 341, 66, 27, 843, 99, 12, 75)
    For i = 0 To 6 '从第 1 个数到倒数第 2 个数
        For j = i + 1 To 7    '每个数与它后面的所有数进行比较
            If r(i) > r(j) Then
                k = r(i)
                r(i) = r(j)
                r(j) = k
            End If
        Next j
    Next i
    For i = 0 To 7
        Debug.Print r(i);
    Next i
    Debug.Print r(i)
End Sub
```

该程序代码含有两段循环,第一段排序,第二段打印排序后的结果。因为每次内循环结束时,已经产生了当前最小的值,所以可以直接打印出来,这样可以将两段循环合并为一段。请思考:如何合并? 若数组中的数据是用随机函数产生的 $0\sim100$ 之间,n 个,产生后排序输出,程序如何修改?

【例 4-4】 生成一个 5×5 的二维数组,并按矩阵格式打印出来。这个数组是一个右上三角元素为 5,对角线元素也为 5,其他元素为 0 的矩阵。

解析 用二重循环来表示矩阵中行和列的循环,当列号大于等于行号时,元素赋值为 5。因为定义数值型数组时,所有元素获得初值 0,所以其他元素无须赋值。其程序代码如下:

```
Sub aa6()
    Dim i As Integer, j As Integer
    Dim a(1 To 5, 1 To 5) As Integer
    For i = 1 To 5
        For j = 1 To 5
            If j >= i Then
                a(i, j) = 5
            End If
                Debug.Print a(i, j);
        Next j
        Debug.Print
    Next i
```

End Sub

程序采用边生成元素边打印的方法,效率更好。

【例 4-5】 用随机函数产生一个 4×4 的矩阵,矩阵中的值为 0～1 的小数。求此矩阵与其转置的和。

解析 产生 0～1 之间的随机数用 rnd() 函数。产生的矩阵数据用 4×4 的二维数组保存,即数组 a。矩阵的转置即将其中数据行和列进行交换。交换后,原第 1 行的数据变成第 1 列的数据,等等。转置后生成一个新的矩阵,存放在数组 b 中。a 和 b 相加,即将对应位置的数据相加,生成一个新的矩阵——数组 c。其程序代码如下:

```
Sub aa7()
Dim a(1 To 4, 1 To 4) As Single
Dim b(1 To 4, 1 To 4) As Single
Dim c(1 To 4, 1 To 4) As Single
Dim i As Integer, j As Integer
'生成原始矩阵
For i = 1 To 4
    For j = 1 To 4
        a(i, j) = Rnd()
        Debug.Print a(i, j);
    Next j
    Debug.Print
Next i
'转置后的值存放在数组 b
For i = 1 To 4
    For j = 1 To 4
        b(i, j) = a(j, i)
    Next j
Next i
Debug.Print
'a 和 b 相加,和为 c,并打印
For i = 1 To 4
    For j = 1 To 4
        c(i, j) = b(i, j) + a(j, i)
        Debug.Print c(i, j);
    Next j
    Debug.Print
Next i
End Sub
```

该程序代码中含有三段循环,均为二重循环。第一段产生矩阵 a(数组)的数据,第二段计算 a 的转置,赋值给数组 b,第三段计算 a＝b＋c,同时输出 c。请思考:这三段循环是否可以合并？若可以的话,哪段与哪段可以合并？如何修改程序？

【例 4-6】 某一学生成绩表数据已经存放在 Excel 表的 Sheet1 中,如图 4-5 所示。将表中语文、数学、英语成绩存入一个二维数组,并定义总分数组、排名数组、三科成绩是否超过平均数组,计算三个数组的值。最终将三个数组值填入 Excel 表中对应位置。

	A	B	C	D	E	F	G	H	I
1	学号	姓名	语文	数学	英语	总分	排名	三科成绩是否均超过平均	
2	20041001	毛莉	75	85	80				
3	20041002	杨青	68	75	64				
4	20041003	陈小鹰	58	69	75				
5	20041004	陆东兵	94	90	91				
6	20041005	闻亚东	84	87	88				
7	20041006	曹吉武	72	68	85				
8	20041007	彭晓玲	85	71	76				
9	20041008	傅珊珊	88	80	75				
10	20041009	钟争秀	78	80	76				
11	20041010	周旻璐	94	87	82				
12	20041011	柴安琪	60	67	71				
13	20041012	吕秀杰	81	83	87				
14	20041013	陈华	71	84	67				
15	20041014	姚小玮	68	54	70				
16	20041015	刘晓瑞	75	85	80				
17	20041016	肖凌云	68	75	64				
18	20041017	徐小君	58	69	75				
19	20041018	程俊	94	89	91				
20	20041019	黄威	82	87	88				
21	20041020	钟华	72	64	85				
22	20041021	郎怀民	85	71	70				
23	20041022	谷金力	87	80	75				
24	20041023	张南玲	78	64	76				
25	20041024	邓云	80	87	82				
26									

图 4-5　Excel 表格数据

解析　第 1 次循环时,将三科成绩的数组赋值,同时可以计算总分数组的值和各科成绩的合计值。第 2 次循环时,因为排名需要每个总分值与其他所有总分值进行比较,所以中间嵌套了另一层循环。三科成绩超过平均值可以用三个条件的逻辑与来表示。每个数据在计算完成后,可直接填写到 Sheet1 对应的单元格中。程序代码如下:

```
Sub aa8()
    Dim cj(1 To 24, 1 To 3) As Integer, zf(1 To 24) As Integer
    Dim pm(1 To 24) As Integer
    Dim i As Integer, j As Integer, pp As Integer, zz As Integer
    Dim pj1 As Integer, pj2 As Integer, pj3 As Integer
    Dim cgpj(1 To 24) As String
    pj1 = 0: pj2 = 0: pj3 = 0
    For i = 1 To 24
        cj(i, 1) = Sheet1.Cells(i + 1, 3)
        cj(i, 2) = Sheet1.Cells(i + 1, 4)
        cj(i, 3) = Sheet1.Cells(i + 1, 5)
        zf(i) = cj(i, 1) + cj(i, 2) + cj(i, 3)
```

```
        Sheet1.Cells(i + 1, 6) = zf(i)
        pj1 = pj1 + cj(i, 1)
        pj2 = pj2 + cj(i, 2)
        pj3 = pj3 + cj(i, 3)
    Next i
    pj1 = pj1 / 24
    pj2 = pj2 / 24
    pj3 = pj3 / 24
    For i = 1 To 24
        '排名
        pp = 1
        zz = zf(i)
        For j = 1 To 24
            If zf(j) > zz Then
                    pp = pp + 1
            End If
        Next j
        pm(i) = pp
        Sheet1.Cells(i + 1, 7) = pm(i)
        '判断三科成绩是否超过平均
        If cj(i, 1) > pj1 And cj(i, 2) > pj2 And cj(i, 3) > pj3 Then
            cgpj(i) = "是"
        Else
            cgpj(i) = "否"
        End If
        Sheet1.Cells(i + 1, 8) = cgpj(i)
    Next i
End Sub
```

需要说明的是,数组主要用于存放批量的数据。本题目数据完全可以存放在 Sheet1 中,如果不要求使用数组,那么不用数组也可以完成。

4.4　习　题

1. 选择题

(1) 定义了二维数组 A(2 to 5,5),则该数组的元素个数为(　　)。

A. 25　　　　　　　B. 36　　　　　　　C. 20　　　　　　　D. 24

(2) 在一过程中编写如下代码:

```
Private Sub nnn
    Dim a(10,10) as Integer
```

```
        For m = 2 TO 4
          For n = 4 TO 5
              a(m,n) = m * n
          Next n
        Next m
        MsgBox a(2,5) + a(3,4) + a(4,5)
    End Sub
```

运行后消息框的输出结果是(　　)。

A. 22　　　　　　　　B. 32　　　　　　　　C. 42　　　　　　　　D. 52

2. 填空题

(1) 如果在程序中没有使用 Option Base 语句,则定义数组时默认的下标下界是_____。

(2) 同一数组中数据元素的类型要_____。

(3) 使用数组,当引用的下标不在定义范围时,将引起_____错误。

(4) 定义了数组 Dim c24(3,3 to 5) as integer,则 LBound(c24,1)的返回值为_____。

3. 程序填空题

(1) 有如下程序代码,其执行后,输出一个左下三角元素(含对角线)为 1,其余元素为 0 的 5×5 的矩阵。

```
Private Sub nnn1()
Dim a(1 To 5, 1 To 5) As Integer
Dim i As Integer, j As Integer
For i = 1 To 5
    For j = 1 To 5
        If _____ Then
            _____
        End If
    Next j
Next i
For i = 1 To 5
    For j = 1 To 5
        debug. Print " "; a(i, j);
    Next j
    _____
Next i
End Sub
```

(2) 对于随机生成的整型数组,数组中元素在 0～1000 之间。下述程序的功能是找出其中能被 7 整除的最小的两个数。

```
Sub nnn2()
```

```
Dim i, k As Integer, r(1 To 500) As Integer
Dim min1, min2 As Integer
For i = 1 To 500
    r(i) = _____
Next i
min1 = 1100：min2 = 1200
For i = 1 To 500
    If r(i) Mod 7 = 0 Then
        If _____ Then
            k = min1：min1 = r(i)：min2 = k
        ElseIf r(i) ＜ min2 Then
            _____
        End If
    End If
  Next i
  Debug.Print min1；min2
End Sub
```

（3）输入 14 个整数,将其存入数组中,并输出其中奇数的和。

```
Dim x(4) as integer,i  as integer,s as single
S = 0
For i = 1 to 4
    _____ = inputbox("x = ")
Next I
For i = 1 to 4
  If x(i) mod 2 = _____ then
    S = s + x(i)
  Endif
Next i
Debug.print "s = ";s
```

（4）将如下矩阵赋值给一个数组,并按格式打印。

```
1 0 0 0 1
0 1 0 1 0
0 0 1 0 0
0 1 0 1 0
1 0 0 0 1
```

```
Dim x(5,5) as integer, i  as integer, j  as integer
For i = 1 to 5
  For j = 1 to 5
```

```
    If i = j or i + j = _____    then
      X(i,j) = _____
    Else
      X(i,j) = 0
    endif
  next j
Next i
For i = 1 to 5
  For j = 1 to 5
    debug.print   X(i,j);
  Next j
  debug.print
Next i
```

4. 简答题

(1) 简述一维、二维数组的使用方式并举例。

(2) 什么是数组?

(3) 为一个一维数组赋值有几种方法?

5. 编程题

(1) 输入一个数组包含 n 个整数,按从大到小的顺序排序并输出。

(2) 编写一个函数(参数为一维整型数组),输出数组元素中最小值的下标;并编写一个主程序调用此函数。

(3) 定义一个包含 10 个元素的整型数组,并用 Rnd() 为其赋值(值处于 100～200 之间),计算数组中所有不小于 150 的数据的和。

(4) 斐波那契数列是由计算某类动物繁殖增长量而提出的。数列的前两项是 1、1,以后的每一项都是其相邻前两项的和。编写程序将此数列的前 30 项赋值给一个整型数组。

(5) 定义一个一维数组 data,其数组元素为 10 个,分别把 1,2,…,10 赋给这 10 个数组元素,然后输出各数组元素的值。

(6) 编写一个程序,将一个同学的 5 门课程成绩输入,并赋值给一个数组,输出其中的最高成绩和最低成绩。

(7) 编程将 9×9 乘法表中的值赋给一个二维数组,并按 9×9 乘法表矩阵形式输出。

(8) 已知一个一维整数数组中的数据已经按从小到大的顺序排列。编写程序,删去一维数组中所有相同的数,使每个数唯一。数据仍存放在原数组中,并打印结果。

第 5 章

过 程

过程是构成程序的一个模块,往往用来完成一个相对独立的功能。过程可以使程序更清晰、更具结构性。VBA 有以下三种过程:

(1)子程序过程(Sub 子程序),执行一些有用的任务,但不返回任何值。它们以关键字 Sub 开头和关键字 End Sub 结束。子程序可以用宏录制器录制或者在 VB 编辑器窗口里直接编写。

(2)函数过程(Function 函数),执行具体任务并返回值。它们以关键字 Function 开头和关键字 End Function 结束。在本章中,将创建一个函数过程。函数过程可以从子程序里执行,也可以从工作表里访问,就像 Excel 的内置函数一样。

(3)属性过程(Property)用于自定义对象。使用属性过程时可以设置和获取对象属性的值,或者设置对另外一个对象的引用。属性过程应用较为复杂,本书不做讲解。

在本章中,你将学习如何创建和执行自定义过程,另外,你将发现变量如何用于传递数据给子程序和函数。

5.1 Sub 过程

5.1.1 Sub 过程定义

Sub 过程定义的格式如下:

static|private|public Sub 过程名(形式参数表)

    变量、常量说明

      语句块 1

    Exit Sub

      语句块 2

End Sub

自定义函数的说明:

(1)static 声明的过程为局部的,且其中所有的局部变量为静态变量;用 private 声明的过程为私有过程;在模块中用 public 声明的过程为公有过程。

（2）Sub 过程的命名规则与变量名的命名规则相同。

（3）形式参数表的说明。参数表的格式：

(ByVal|ByRef 变量名 as 数据类型)

注意：此参数表中说明的变量是形参。变量名前加 ByVal 表示参数的传递方式是按值传送，否则是按地址传送，将在第 5.3 节中详细介绍。

（4）as 声明的类型是函数类型，也即 Sub 过程的结果（函数的值）的类型。缺省表明函数的数据类型是变体型。

（5）Sub 过程中不允许再定义子 Sub 过程。

（6）Sub 过程没有返回值。

5.1.2 Sub 过程调用

Sub 过程调用有以下两种方式：

（1）call 调用。调用形式：

call 过程名（实参表）

注意：实参应包含在小括号中。

（2）直接用过程名调用。调用形式：

过程名 实参表

注意：实参中不要小括号。

5.1.3 Sub 过程的使用实例

【例 5-1】 用过程求阶乘。

解析

（1）在 Excel 表格中插入一个窗体，界面绘制如图 5-1 所示。

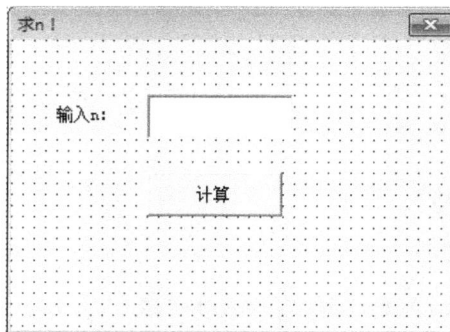

图 5-1 求阶乘界面绘制

（2）在代码区双击按钮：在 CommandButton1 的 Click 事件上方添加一个 Sub 过程 fact，在 CommandButton1 的 Click 事件中调用此过程。程序结构和代码如图 5-2 所示。

```
Sub fact(n As Integer)
    Dim f, i
    f = 1
    For i = 1 To n
        f = f * i
    Next i
    Debug.Print f
End Sub

Private Sub CommandButton1_Click()
    Dim n As Integer
    n = TextBox1.Text
    Call fact(n)
End Sub
```

图 5-2 求阶乘程序代码

(3)程序运行结果如图 5-3 所示。

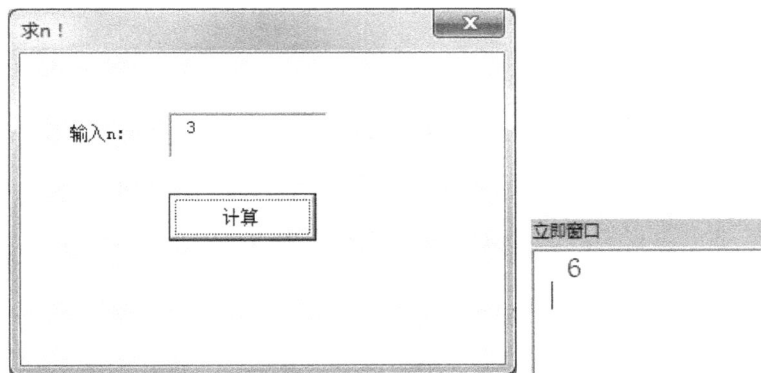

图 5-3 求阶乘运行结果

5.1.4 自定义函数与过程的区别与联系

1.自定义函数与过程的联系

(1)功能从作用来看,都是结构化程序设计中的子模块的对象之一。

(2)从执行流程来看,主程序与子模块中都有一个调用与返回的过程。

主程序—子模块(调用过程)。

子模块—主程序(返回过程)执行到 End Function、End Sub 返回到主程序。

2.自定义函数与过程的区别

(1)自定义函数与过程的调用形式不同。

自定义函数:=自定义函数名(实参表)

过程:CALL 过程名(实参表)或 过程名 实参表

(2)返回值的形式不一致。

自定义函数:以函数值的形式返回,其形式为"函数名=表达式",以函数值的形式提供一个运算结果,供其他事件过程(模块)使用。

过程:以变量的形式把运算的结果保存起来,供其他事件过程(模块)使用。这个变量须为模块级变量或窗体变量。

5.2　函数过程

Excel 有几百种内置函数,可以进行非常宽广的自动计算,有时也需要做自定义计算。使用 VBA 编程,你可以通过创建函数过程快速地完成这个特殊需求,可以创建任何 Excel 没有提供的函数。

5.2.1　函数过程定义

函数过程定义的格式如下所示:

static|private|public function 函数名(形式参数) as 数据类型
　　　　语句块
　　　　函数名 = 表达式
exit function
　　　　语句块
　　　　函数名 = 表达式
End function

自定义函数的说明:

(1)static 声明的过程为局部的,且其中所有的局部变量为静态变量;用 private 声明的过程为私有过程,在模块中用 public 声明的过程为公有过程。

(2)函数名的取名规则与变量名的命名规则相同。

(3)形式参数表的说明。参数表的格式:

(ByVal|ByRef 变量名 as 数据类型)

注意:此参数表中说明的变量是形参。变量名前加 ByVal 表示参数的传递方式是按值传送,否则是按地址传送,将在第 5.3 节中详细介绍。

(4)as 声明的类型是函数类型,也即函数的结果(函数的值)的类型。缺省表明函数的数据类型是变体型。

(5)函数过程中不允许再定义子函数过程。

(6)函数过程的值是放在函数名中,并由函数名返回,其值的内容是由表达式来决定的。

5.2.2　函数过程调用

自定义函数的调用与标准内部函数调用的方式相同,格式如下:
变量名＝自定义函数名(实参表)

5.2.3　函数过程的使用实例

【例 5-2】　编写一个求圆的面积的自定义函数,当单击按钮时,输出圆的面积。

(1)界面绘制:在 Excel 表格中插入一个窗体,界面绘制如图 5-4 所示。

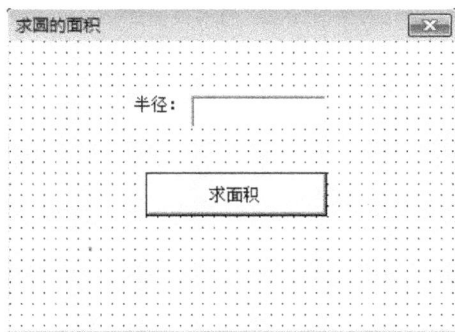

图 5-4　界面绘制

（2）在代码区双击按钮：在 CommandButton1 的 Click 事件上方添加一个函数 area，在 CommandButton1 的 Click 事件中调用此函数。程序结构和代码如图 5-5 所示。

```
Function area(r As Integer) As Single
    area = 3.1415926 * r * r
End Function
Private Sub CommandButton1_Click()
    Dim r1 As Integer
    r1 = TextBox1.Text
    Debug.Print area(r1)
End Sub
```

图 5-5　程序结构和代码

（3）示例中应该重点理解的语句。

①area = 3.1415926 * r * r

理解：函数过程的值是放在函数名中，并由函数名返回的。

②Debug.Print area(r1)

理解：自定义的 area 函数调用时使用方法与 VBA 的内置函数相同。

③函数的语句出现的位置。

（4）程序运行结果如图 5-6 所示。

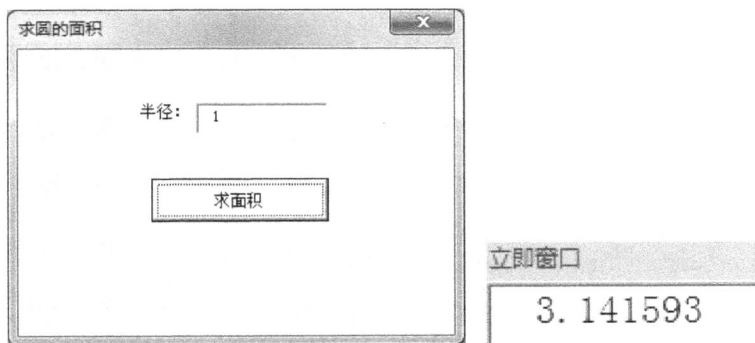

图 5-6　程序运行结果

【例 5-3】　编写自定义函数求阶乘。

（1）界面绘制：在 Excel 表格中插入一个窗体，界面绘制如图 5-7 所示。

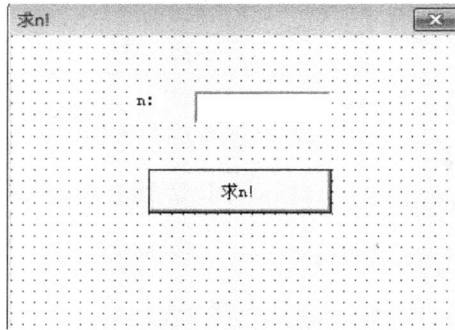

图 5-7　程序界面

（2）在代码区双击按钮：在 CommandButton1 的 Click 事件上方添加一个函数 fact，在 CommandButton1 的 Click 事件中调用此函数，程序结构和代码如图 5-8 所示。

```
Function fact(n As Integer) As Double
    Dim f, i
    f = 1
    For i = 1 To n
        f = f * i
    Next i
    fact = f
End Function
Private Sub CommandButton1_Click()
    Dim n As Integer
    n = TextBox1.Text
    Debug.Print fact(n)
End Sub
```

图 5-8　程序代码

（3）程序运行结果如图 5-9 所示。

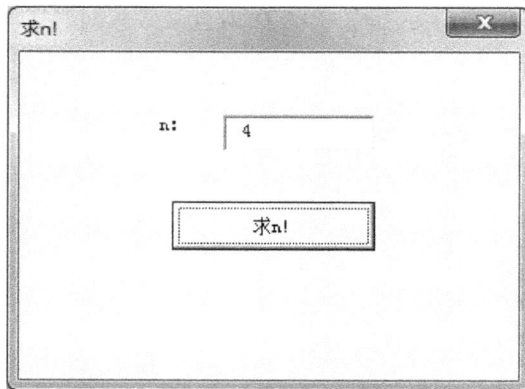

图 5-9　程序运行结果

5.3 参数的传递

5.3.1 形式参数与实际参数

1. 形式参数与实际参数的概念

参数，就是一个可变量，它随着使用者的不同而发生变化。在 VBA 中存在两种参数：一种是形式参数；另一种是实际参数。形式参数（形参），就是在定义函数或过程的时候命名的参数，通俗讲就是一个记号。实际参数（实参），就是在执行时，调用函数或过程时，传递给函数或过程的参数，通俗讲就是实际值。

在过程之间传递参数，形式参数和实际参数是很重要的两个概念。通常说，形式参数是过程为了运行的需要预先在内存中保留的地址单元，而实际参数就是在调用过程时放入这些内存地址中进行处理的数据。如果形式参数是一个盒子，那么实际参数就是盒子里面装的东西。在参数传递的过程中，形式参数和实际参数的数据类型要一致。

举个例子，在中学的时候学过 $\sin(x)$ 函数，这里的 x 就是形式参数，当你需要求 1 的正弦值时，你会使用 $\sin(1)$，这里的 1 就是实际参数。

2. 形式参数和实际参数间的关系

两者是在调用的时候进行结合的，通常实参会将取值传递给形参，形参之后进行函数过程运算，然后可能将某些值经过参数或函数符号返回给调用者。

5.3.2 参数传递

函数参数的传递方式有两种：一种是按地址传递；另一种是按值传递。

（1）按地址传递：调用函数时，不直接把实参的值"告诉"函数，而是把地址"告诉"它，函数根据这个地址来寻找并处理值。如果函数修改了这个值，也就修改了这个地址对应的值。

（2）按值传递：把值复制一份传递给函数，这个值只属于函数，函数对这个值的修改不影响原值。

VBA 中，要按地址传递可在形参前加 ByRef，要按值传递得在形参前加 ByVal，如果什么也不加则默认为按地址传递。

1. 按值传递

如果在声明过程时，在形式参数名前面加上关键字"ByVal"，即规定了在调用此过程时该参数是按值传递的。按值传递参数时，传递的只是变量的副本。如果过程改变了这个值，则所做的改动只影响副本而不会影响变量本身。

【例 5-4】 两数交换——按值传递。

（1）界面绘制如图 5-10 所示。

（2）在代码区双击按钮：在 CommandButton1 的 Click 事件上方添加一个 Sub 过程 exchange，在 CommandButton1 的 Click 事件中调用此过程。程序结构和代码如图 5-11 所示。

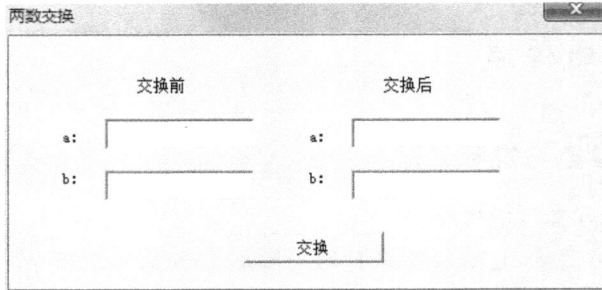

图 5-10　程序界面

```
Sub exchange(ByVal x As Integer, ByVal y As Integer)
    t = x
    x = y
    y = t
End Sub

Private Sub CommandButton1_Click()
    Dim a As Integer, b As Integer
    a = TextBox1.Text
    b = TextBox2.Text
    Call exchange(a, b)
    TextBox3.Text = a
    TextBox4.Text = b
End Sub
```

图 5-11　程序代码

（3）程序运行结果如图 5-12 所示。

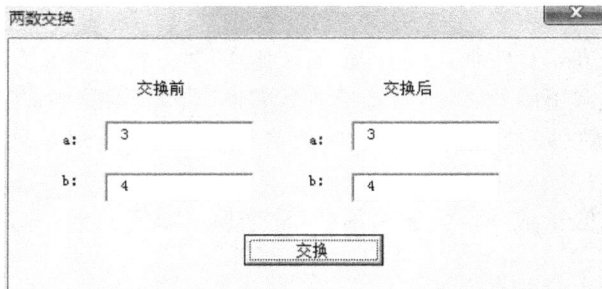

图 5-12　程序运行结果

2.按地址传递参数

按地址传递参数时,过程用变量的内存地址去访问实际变量的内容,将结果的变量传递给过程时,通用过程可永远改变该变量值。ByRef 是 VBA 的缺省选项。

如果指定按地址传递参数的数据类型,就必须将这种类型的值传给参数,即如果过程中的形式参数设定为按地址传递,就必须要求调用时相应实参的类型与其一致。

按地址传递参数时,传递给所调用过程的形参实际是实参的地址。如果过程改变了这个值,则所做的变动也会影响实参变量本身。

【例 5-5】　两数交换——按地址传递。

（1）界面绘制与例 5-4 相同。

（2）在代码区双击按钮:在 CommandButton1 的 Click 事件上方添加一个 Sub 过程

exchange，在 CommandButton1 的 Click 事件中调用此过程。程序结构和代码如图 5-13
所示。

```
Sub exchange(ByRef x As Integer, ByRef y As Integer)
    t = x
    x = y
    y = t
End Sub

Private Sub CommandButton1_Click()
    Dim a As Integer, b As Integer
    a = TextBox1.Text
    b = TextBox2.Text
    Call exchange(a, b)
    TextBox3.Text = a
    TextBox4.Text = b
End Sub
```

图 5-13　程序代码

（3）程序运行结果如图 5-14 所示。

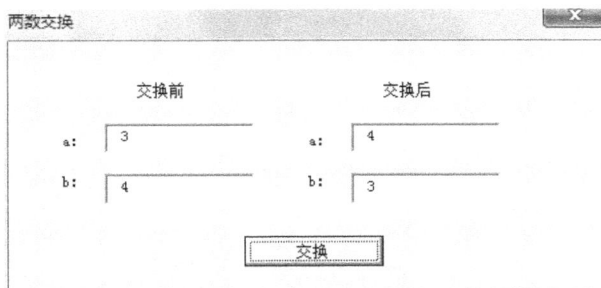

图 5-14　程序运行结果

3.两者比较

ByVal 传送参数内存的一个拷贝给被调用者；也就是说，栈中压入的直接就是所传
的值。

ByRef 传送参数内存的实际地址给被调用者；也就是说，栈中压入的是实际内容的地
址。被调用者可以直接更改该地址中的内容。

ByVal 是可选的，表示该参数按值传递。

ByRef 表示该参数按地址传递。ByRef 是 VBA 的缺省选项。

ByVal 是传递值，源数据不会被修改，可以把这个值当作自己的局部变量来使用。

ByRef 是传递地址，源数据可能被修改，你对这个变量的操作将对你传入的那个变量产
生影响。

分析下面程序：

Public Sub exchange1(ByVal x As Integer, ByVal y As Integer)

　Dim t As Integer

　t = x：x = y：y = t

End Sub

Public Sub exchange2(x As Integer, y As Integer)

　Dim t As Integer

```
      t = x: x = y: y = t
End Sub
Private Sub bb()
    Dim a As Integer, b As Integer
    a = 10: b = 20
    exchange1 a, b
    debug.print   "A1 = " &a & "B1 = " &  b
    a = 10: b = 20
    exchange2 a, b
    debug.print "A2 = "   & a &   "B2 = " &  b
End Sub
```

exchange1 为参数按值交换,exchange2 为参数按地址交换,因此程序的输出为

A1 = 10 B1 = 20
A2 = 20 B2 = 10

5.4 综合实例

【例 5-6】 编写程序,求 1! +2! +…+n!的和。

(1)界面绘制如图 5-15 所示。

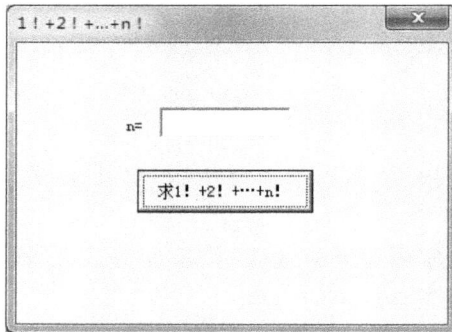

图 5-15 程序界面

(2)在代码区双击按钮:在 CommandButton1 的 Click 事件上方添加一个函数 fact,求一个数的阶乘,在 CommandButton1 的 Click 事件中调用此函数。程序结构和代码如图 5-16所示。

(3)程序运行结果如图 5-17 所示。

【例 5-7】 设计过程,其作用是使字符串反向,并调用该过程,实现字符串的反向输出。

(1)界面绘制如图 5-18 所示。

(2)在代码区双击按钮:在 CommandButton1 的 Click 事件上方添加一个 Sub 过程 fx,用来将字符串反串,在 CommandButton1 的 Click 事件中调用此函数。程序结构和代码如图 5-19所示。

```
Function fact(n As Integer) As Double
    Dim f, i
    f = 1
    For i = 1 To n
        f = f * i
    Next i
    fact = f
End Function
Private Sub CommandButton1_Click()
    Dim t As Double, a As Integer, i As Integer
    For i = 1 To 10
        a = TextBox1.Text
        t = t + fact(a)
    Next i
    Debug.Print t
End Sub
```

图 5-16　程序代码

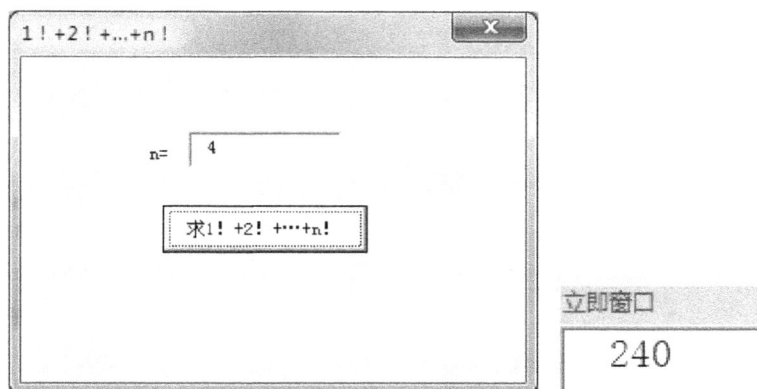

图 5-17　程序运行结果

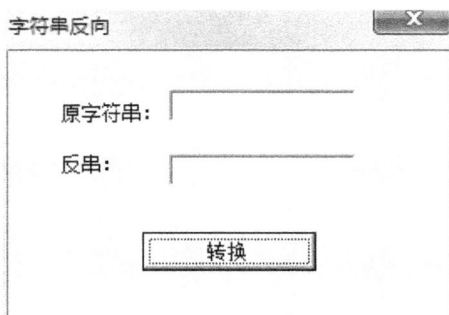

图 5-18　程序界面

(3)程序运行结果如图 5-20 所示。

说明：

(1)调用前，实参 t 对应的存储空间中存放着通过 InputBox 函数自行输入的字符串，如"abc"，形参 t 尚未分配存储空间。

(2)当调用子过程 fx 时，通过虚实结合，形参 t 获得实参 t 的地址，即使用同一存储单元。

```
Sub fx(ByRef t As String)
    Dim f As String, i As Integer, n As Integer
    n = Len(t)
    For i = n To 1 Step -1
        f = f + Mid(t, i, 1)
    Next i
    t = f
End Sub

Private Sub CommandButton1_Click()
    Dim t As String
    t = TextBox1.Text
    Call fx(t)
    TextBox2.Text = t
End Sub
```

图 5-19　程序代码

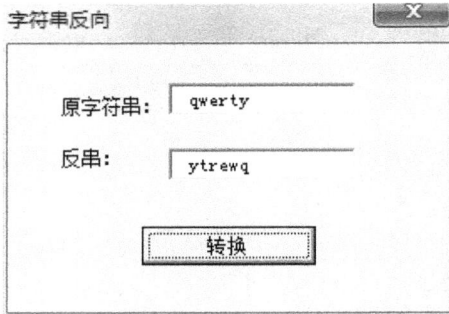

图 5-20　程序运行结果

（3）在被调子过程 fx 中的 t，通过过程体程序实现反向操作后，实参 t 也作同样操作。

（4）当调用结束运行返回后，形参 t 被释放，实参 t 的值就是交换后的值。

　　需要说明的是，对于按地址传递方式的参数传递，仅当实参为变量时，实参才会随形参的改变而改变。如果实参是常量或表达式，则调用过程将采用按值传递的方式，这时对形参的改变并不会影响到实参的值。

5.5　习　题

1. 选择题

（1）要想在过程调用后返回两个结果，下面过程定义语句中语法正确的是（　　　）。

A. Sub　swap(By Val m, By Val n)　　　　B. Sub swap(m, By Val n)

C. Sub　swap(m, n)　　　　　　　　　　D. Sub swap(By Val m, n)

（2）在过程调用中，参数的传递可以分为按值传递和（　　）两种方式。

A. 按参数传递　　　B. 按数值传递　　C. 按地址传递　　D. 按位置传递

（3）Sub 过程与 Function 过程最根本的区别是（　　）。

A. Sub 过程可以直接使用过程名调用，而 Function 过程不可以

B. Function 过程可以有参数，而 Sub 过程不可以

C. 两种过程参数传递方式不同

D. Sub 过程的过程名不能返回值，而 Function 过程能通过过程名返回值

（4）在参数传递过程中,使用关键字（　　）来修饰参数,可以使之按值传递。

A. ByVal B. ByRef C. Value D. reference

（5）可以执行"工具"菜单中的（　　）命令来建立通用过程。

A. 添加过程 B. 通用过程 C. 添加模块 D. 添加窗体

（6）假定已定义一个过程 Public Sub Cir(a As Single, b As Single),则正确的调用语句是（　　）。

A. Cir 3,8 B. Call Cir x, y

C. Call Cir 2 * x, y D. Call Cir (3,8, y)

（7）以下关于过程的叙述中,错误的是（　　）。

A. 函数过程的返回值可以有多个

B. 事件过程是由某个事件触发而执行的过程

C. 不能在事件过程中定义通用过程

D. 可以在事件过程中调用过程

（8）以下关于过程参数的叙述中,错误的是（　　）。

A. 按值传递参数,形参和实参的类型可以不同,只要相容即可

B. 若形参是按地址传递的参数,形参和实参也能以按值传递方式进行形实结合

C. 形参的数据类型如果是 String,它可以是定长的,但在调用时对应的实参只能是定长的

D. 在过程被调用之前,形参未被分配内存,只是说明形参的类型和在过程中的作用

2. 判断题

（1）Sub 过程中不能嵌套定义 Sub 过程。 （　　）

（2）事件过程可以像通用过程一样与用户定义过程名相同。 （　　）

（3）函数过程形参的类型与函数返回值的类型没有关系。 （　　）

（4）在函数过程中,过程的返回值可以有多个。 （　　）

（5）形式参数只在其所在过程中有效,因此属于局部变量。 （　　）

（6）函数只能出现在表达式中,其功能是求得函数的返回值。 （　　）

（7）按值传递参数,形参和实参的类型可以不同,只要相容即可。 （　　）

（8）若形参是按地址传递的参数,形参和实参不能以按值传递方式进行形实结合。（　　）

（9）当实参是常量、表达式形式,则不论其对应形参前定义成什么方式,系统都强制按值传递参数。 （　　）

3. 简答题

（1）子过程与函数过程的区别是什么?

（2）子过程调用有哪两种形式?

（3）什么是形参? 什么是实参? 什么是值引用? 什么是地址引用? 地址引用时,对应的实参有什么限制?

4. 程序设计题

（1）输入 1 个数判断其是奇数还是偶数。要求如下:

①编写 1 个函数 parity 判断奇偶性,如果是奇数返回 true,偶数返回 false。

②用 1 个 textbox 输入 1 个数,用 1 个 textbox 输出,若是奇数输出"奇数",否则输出
"偶数"。

(2)输入 2 个数求其最大值和最小值。要求如下:

①编写 2 个函数 maxMum 和 minNum,分别求最大值和最小值。

②用 2 个 textbox 输入 2 个数,用 2 个 textbox 输出最大值和最小值。

(3)输入 3 个数将其排序后输出。要求如下:

①编写 1 个函数 sort 实现对 3 个数排序。

②用 3 个 textbox 输入 3 个数,用 3 个 textbox 输出排序后的 3 个数。

第6章

常用控件

6.1 命令按钮、标签和文本框

6.1.1 命令按钮

大多数 Windows 应用程序都有命令按钮（CommandButton），用户能够通过简单的单击按钮来执行操作。当用户单击按钮时，不仅会执行相应操作，还会使该按钮看上去像被按下并释放一样。无论何时，只要用户单击按钮，就会调用 Click 事件过程。将代码写入 Click 事件过程，就可以执行想要的动作。

工具箱中命令按钮的图标为 ⌐ 。在窗体上默认显示为 CommandButton1 等。

下面介绍命令按钮的常用属性、事件和方法。对于命令按钮中介绍过的常用控件所共有的属性（如 Caption、Name、Font、Enabled、Visible、ForeColor、BackColor、Left、Top、Width、Height 等），在介绍其他控件时将不再重复。

1.命令按钮的常用属性

（1）Name 属性：对象的名称。

应用程序中的每个控件都必须有一个唯一的 Name 属性。Name 属性只能在属性窗口中进行修改，不能在程序运行的时候改变。

在窗体上放置一个控件时，Visual Basic 会给控件分配一个缺省的名字。但为了操作方便，提高程序的可读性，我们可以根据控件在程序中的实际作用，为其取一个合适的名称。控件名称的命名规则跟我们前面提到的变量的命名规则一致，为方便编写程序代码，我们建议对控件的命名尽量做到"见名知意"。

对于每个控件在起名时微软都有相应的名称前缀建议，命令按钮（CommandButton）的缺省名称为 CommandButton1，CommandButton2······微软建议的名称前缀为 cmd。例如一个"开始"按钮的名称我们可以取为 cmdStart。

A 中其他控件的 Name 属性跟命令按钮的 Name 属性用法一样，以后不再介绍。

（2）Caption 属性：对象的标题。

如果说控件的 Name 属性是作为控件内部标识符给程序员看的，那么 Caption 属性则是作为控件的外部标识来指引用户的。

Caption 属性的缺省值与控件 Name 属性的缺省值相同,如新建名称为 CommandButton1 的命令按钮,其 Caption 属性的初值也为 CommandButton1。我们在进行程序设计时一般都需要重新设置命令按钮的 Caption 属性,以说明该按钮的功能。

(3) Enabled 属性:设置是否响应,为逻辑型。

命令按钮的 Enabled 属性设定或返回一个值,决定命令按钮是否响应用户生成的事件,也就是命令按钮是否可用。如果这个属性设置为 True,那么控件就可以在程序运行时由用户操作;如果该属性设置为 False,则用户可以看到这个控件但是不能操作它。此时,控件颜色表现为灰色或变淡,提示用户它是不可访问的,也就是不能响应用户生成的任何事件。这个属性的默认值为 True。

Enabled 属性可以在设计时在属性窗口设置,也可以在程序运行时通过赋值语句为其赋值。

Visual Basic 中其他控件的 Enabled 属性跟命令按钮的 Enabled 属性用法一样,以后不再介绍。

(4) Visible 属性:设置是否可见,为逻辑型。

当命令按钮的 Visible 属性设为 False 时,控件是不可见的。当控件被隐藏时,它不响应用户生成的任何事件,但是可以通过代码访问它。在默认情况下,命令按钮的 Visible 属性为 True。

Visible 属性可以在设计时在属性窗口设置,也可以在程序运行的时候通过赋值语句为其赋值。

Visible Basic 中其他控件的 Visible 属性跟命令按钮的 Visible 属性用法一样,以后不再介绍。

【例 6-1】 设置并查看命令按钮的 Enabled 属性和 Visible 属性。

窗体上面有 4 个按钮,要求左边 2 个控制右边 2 个,运行后的效果如图 6-1 所示。左边 2 个命令按钮对象名分别为 Command1 和 Command2,右边 2 个分别为 Command3 和 Command4。各控件的属性设置通过代码来实现。

图 6-1　命令按钮

具体的程序代码如下:

```
Private Sub Form_Load()
```

```
Form1.Caption = "命令按钮"
Command1.Caption = "有效(&H)"
Command2.Caption = "无效(&W)"
Command3.Caption = "被控按钮 1"
Command4.Caption = "被控按钮 2"
End Sub
Private Sub Command1_Click()
   If Command1.Caption = "隐藏(&H)" Then
      Command3.Visible = False              '隐藏
      Command1.Caption = "显示(&S)"
   Else
      Command3.Visible = True
      Command1.Caption = "隐藏(&H)"
   End If
End Sub
Private Sub Command2_Click()
If Command 2.Caption = "无效(&W)" Then
      Command4.Enabled = False              '命令按钮变成灰色(无效)
      Command2.Caption = "有效(&Y)"
   Else
      Command4.Enabled = True
      Command2.Caption = "无效(&W)"
   End If
End Sub
```

（5）BackColor 属性：背景颜色。

BackColor 属性返回或设置命令按钮的背景色。

（6）Style 属性：样式属性，为整型。

Style 属性返回或设置命令按钮的外观，是标准的（0-Standard）还是图形的（1-Graphical），系统默认的是标准的（0-Standard）。

（7）Picture 属性：图片属性。

Picture 属性返回或设置命令按钮上面显示的图形。

（8）Font 属性组：字体属性组。

Font 属性是一个对象，它包括 Name、Bold、Italic、Size、Underline、Strikethrough 等 6 个属性。VBA 中其他控件的该属性用法与此类似。

①Font.Name 属性返回或设置在控件中显示文本所用字体的类型名称，该属性为 String 类型，默认为"宋体"。需要注意的是，在代码中设置字体的时候，字体一定要在系统中存在。

②Font.Size 属性返回或设置在控件中显示文本的大小，该属性为 Integer 类型，默认为 9 号字。

③Font.Bold 属性返回或设置在控件中显示文本是否为粗体,该属性为 Boolean 类型,默认为 False。

④Font.Italic 属性返回或设置在控件中显示文本是否为斜体,该属性为 Boolean 类型,默认为 False。

⑤Font.Underline 属性返回或设置在控件中显示文本是否加下划线,该属性为 Boolean 类型,默认为 False。

⑥Font.Strikethrough 属性返回或设置在控件中显示文本是否加删除线,该属性为 Boolean 类型,默认为 False。

(9) Left、Top 属性:位置属性(见图 6-2)。

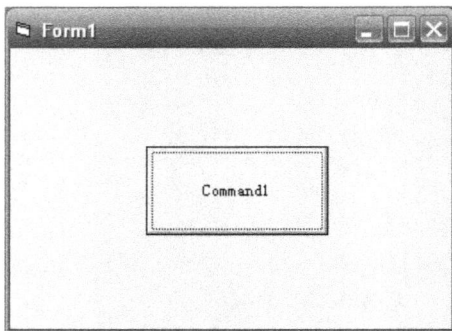

图 6-2　控件的位置属性

Left 属性返回或设置控件左上角顶点的横坐标。

Top 属性返回或设置控件左上角顶点的纵坐标。

(10)Width 属性和 Height 属性:大小属性。

Width 属性返回或设置控件的宽度。

Height 属性返回或设置控件的高度。

(11)Value 属性:逻辑型。

在程序代码中设置命令按钮的 Value 属性为 True,相当于调用执行该命令按钮的 Click 控件。需要注意的是,Value 属性只能在代码窗口中设置,不能在属性窗口中设置。

2.命令按钮的常用事件

命令按钮的常用事件是 Click 事件,命令按钮的功能是通过编写命令按钮的 Click 事件程序代码来实现的。例如,CmdEnd 按钮的 Caption 属性设置为"退出",表示这是一个退出程序的按钮。为了实现该功能,我们需要在代码窗口写入如下代码:

```
Private Sub cmdEnd_Click()
    End
End Sub
```

6.1.2　标签框控件

标签控件用来为其他没有标题的控件(如文本框、列表框、组合框等)进行说明,还可以用来显示一些程序运行过程中的提示信息。

工具箱中标签控件的图标为**A**。

标签控件的默认名称为 Label1,Label2 等,微软建议的名称前缀为 lbl(特别注意名称中的 l 是字母 L 的小写,不是数字 1)。

1. 标签框的常用属性

(1) Caption 属性:标题属性。

基本用法与命令按钮类似,不同的是标签控件不能获得焦点。标签控件可以通过字符前加一个"&"符号来设置访问键,按下"Alt+访问键"后,焦点就会移到焦点顺序在标签后面的下一个可以获得焦点的控件上面。

(2) AutoSize 属性和 WordWrap 属性:扩展属性,为逻辑型。

在缺省情况下,当输入的 Caption 的内容超过控件宽度时,文本不会自动换行,而且当超过控件高度时,超出部分会被裁减掉。为使控件能够自动调整以适应内容多少,可将 AutoSize 属性设为 True,这样控件可水平扩展以适应 Caption 内容。为使 Caption 内容自动换行并垂直扩展,应将 WordWrap 属性设为 True,如图 6-3 所示。

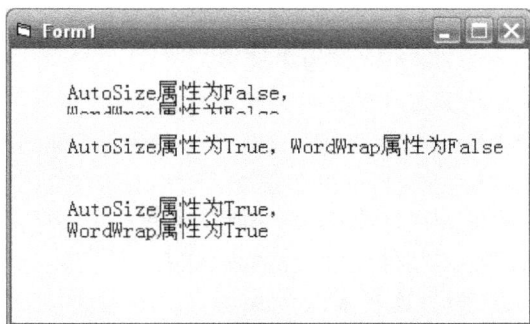

图 6-3　AutoSize 属性和 WordWrap 属性设置

(3) Alignment 属性:对齐方式,为整数类型。

Alignment 属性返回或设置标签中文本的对齐方式,当 Alignment 属性为 0 时(默认值),文本在标签中居左显示;为 1 时,文本居右显示;为 2 时,居中显示。

(4) BackStyle 属性:背景样式,为整数类型。

BackStyle 属性返回或设置控件的背景样式是否透明。当属性值为 0 时,标签背景透明;当属性值为 1(默认值)时,标签背景不透明,背景色即 BackColor 属性所设置的颜色。

(5) BorderStyle 属性:边框样式,为整数类型。

BorderStyle 属性返回或设置控件的边框样式。属性值为 0(默认值)时,无边框;为 1 时,有边框。

2. 标签框的常用事件

标签框常用事件有 Click、DblClick、Change 等。但通常在程序设计中仅仅把标签作为一个显示文本的控件,很少对标签进行编程。

6.1.3　文本框

文本框(TextBox)通常用于在运行时输入和输出文本,是计算机和用户进行信息交互的控件。

工具箱中文本框控件的图标为 |abl| 。

文本框控件的默认名称为 Textbox1，Textbox2 等，微软建议的名称前缀为 txt。

1. 文本框的常用属性

（1）Text 属性：文本属性，为字符串类型。

Text 属性返回或设置文本框中的文本（类似于标签控件的 Caption 属性）。Text 属性是文本框控件最重要的属性之一，可以在设计时在属性窗口赋值，也可以在运行时在文本框内输入或通过程序代码对 Text 属性重新赋值。

（2）MaxLength 属性：设置字符长度，为整数类型。

MaxLength 属性可以指定能够在文本框控件中输入的字符的最大数量。MaxLength 属性的取值范围为 0～65535，默认值为 0。若在其取值范围内设定了一个非 0 值，则尾部超出部分将被截断。例如，将文本框 Textbox1 的 MaxLength 设置为 5，那么在 Textbox1 中只能输入 5 个字符。又如执行如下代码，文本框将只显示"Hello"。

```
Textbox1.MaxLength = 5
Textbox1.Text = "HelloWorld"
```

（3）MultiLine 属性：设置多行显示，为逻辑型。

MultiLine 属性返回或设置文本框是否接受多行文本。

当 MultiLine 属性为 False（默认值）时，文本框中的字符只能在一行显示。

当 MultiLine 属性为 True 时，则可以在程序运行时在文本框中输入多行文本。另外也可以在设计时在 Text 属性里面直接按 Ctrl＋Enter 来换行。在代码中通过给 Text 属性赋值也可以实现换行。方法是在需要换行的地方加入回车符［Chr(13)或 Cr］和换行符［Chr(10)或 Lf］，也可同时将两个符号连起来用 CrLf 表示。

例如：Textbox1.Text = "第一行" + Chr(13) + Chr(10) + "另起一行"

或　　Textbox1.Text = "第一行" + Cr + Lf + "另起一行"

或　　Textbox1.Text = "第一行" + CrLf + "另起一行"

上面三条语句效果一样。

（4）ScrollBars 属性：滚动条属性，为整数类型。

ScrollBars 属性返回或设置文本框是否有滚动条。当文本过长时，应该为文本框加滚动条以显示全部内容。ScrollBars 的具体属性值如下：

属性值为 0（默认值）时，无滚动条；属性值为 1 时，加水平滚动条；属性值为 2 时，加垂直滚动条；属性值为 3 时，同时加水平和垂直滚动条。

（5）PasswordChar 属性：密码文本框属性。

PasswordChar 属性返回或设置一个值，当在文本框中输入文本时，用该值代替显示文本。该属性在设计密码程序时非常有效。其值只能为一个字符，默认值为空。

注意：只有 MultiLine 属性为 False，且 PasswordChar 值为非空时，该属性设置才有效。

（6）文本编辑属性。

①SelStart 属性，数值类型，设置或返回文本框内被选定文本的起始位置，从 0 开始计数。

②SelLength 属性，数值类型，设置或返回文本框内被选定文本的长度。

③SelText 属性，字符串类型，设置或返回文本框内被选中的文本内容。

2.文本框的常用事件

当文本框的内容发生改变时,就触发 Change 事件。例如:

```
Private Sub Textbox1_Change()
    Debug.print Textbox1.Text
End Sub
```

在文本框内输入"你好"两字时,窗体上面应该会输出两行,第一行为"你",第二行为"你好"。

6.2　单选按钮、复选框和框架

6.2.1　单选按钮

单选按钮(OptionButton)在工具箱中的图标是 ⊙ 。默认的对象名为 OptionButton1、OptionButton2 等。

大家对单选按钮其实并不陌生,我们在网络上填写表单的时候经常会遇到这样的按钮,特别是在选择性别的时候。这个时候供我们选择的一般有"男"和"女"两项,但这两项我们只能选择一个,也就是说如果选择"男",那么"女"会自动处于非选择状态,这就是单选按钮的排他性。若干个按钮同时只能有一个被选中,这也就是为什么叫单选按钮的原因了。如果要实现多选,可以利用后面将要讲到的框架控件把单选按钮分组。单选按钮示例如图 6-4 所示。

图 6-4　单选按钮

1.单选按钮的常用属性

单选按钮的大部分属性跟我们前面讲过的控件类似,不再重复。其不同的属性如下:

(1) Value 属性:表示选中状态,为逻辑型。

返回或设置单选按钮控件的状态,为逻辑类型。返回 True 时表示选择了该按钮;返回 False(默认)表示按钮没有被选中。

(2)Alignment 属性:对齐方式属性,为整数类型。

0:单选按钮显示在左边,标题显示在右边,默认设置。

1:单选按钮显示在右边,标题显示在左边。

2.单选按钮的常用事件

和命令按钮一样,单选按钮的常用事件是 Click,不过一般来说,我们只是用单选按钮来传送一个值,很少对它的事件进行编程。

【**例 6-2**】 利用单选按钮设置文字字号的变化,文字用标签控件显示。

(1)界面设计如图 6-5 所示,在窗体上分别放置 1 个标签控件和 3 个单选按钮控件。各控件的属性设置如表 6-1 所示。

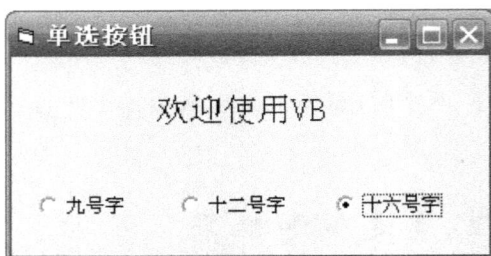

图 6-5 字号变化按钮

表 6-1 属性设置

对象	属性	设计时属性值	说明
Form1	Caption	单选按钮	
Label1	Caption	欢迎使用 VB	
	Alignment	2	居中显示
Optionbutton1	Caption	九号字	
Optionbutton2	Caption	十二号字	
Optionbutton3	Caption	十六号字	

(2)代码设计。

```
Private Sub OptionButton1_Click()            '单击单选按钮即选中
    Label1.Font.Size = 9
End Sub
Private Sub OptionButton2_Click()
    Label1.Font.Size = 12
End Sub
Private Sub OptionButton3_Click()
    Label1.Font.Size = 16
End Sub
```

6.2.2 复选框控件

复选框在工具箱中的图标是☑,默认的对象名为 Checkbox1、Checkbox2 等。

跟单选按钮相比较,复选就意味着可以选择多个项目,如图 6-6 所示。

1.复选框的常用属性

(1) Value 属性:返回或设置复选框控件的状态,数值类型。

false:复选框未被选定,默认设置。

true:复选框被选定。

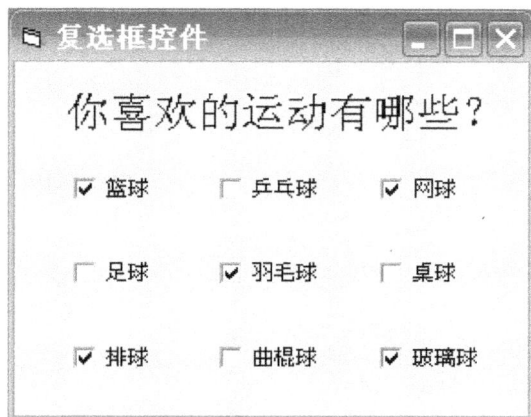

图 6-6　复选框

（2）Alignment 属性：对齐方式，为整数类型。

0：复选框按钮显示在左边，标题显示在右边，默认设置。

1：复选框按钮显示在右边，标题显示在左边。

2．复选框的常用事件

复选框控件的常用事件一般为 Click 事件，不支持双击事件。系统把一次双击解释为两次单击。

图 6-7　复选框按钮

【例 6-3】　利用复选框按钮设置字形变化，文字用标签控件显示。要求标签框能自动换行实现扩展。

（1）界面设计如图 6-7 所示，各控件的属性设置如表 6-2 所示。

表 6-2　属性设置表

对象	属性	设计时属性值	说明
Form1	Caption	复选框控件	
Label1	Caption	欢迎来到 VB 的世界	
	Alignment	2	居中显示
	AutoSize	True	两个属性都设置为 True 后，标签框能自动实现换行扩展
	Wordwrap	True	
	Font	三号	字体大小设为三号
Checkbox1	Caption	加粗	
Checkbox2	Caption	倾斜	
Checkbox3	Caption	下划线	

（2）代码设计。

```
Private Sub Checkbox1_Click()
    If Checkbox1.Value = true Then          '判断 Checkbox1 被选中
        Label1.Font.Bold = True
    Else                                    'Checkbox1 未被选中
        Label1.Font.Bold = False
    End If
End Sub
Private Sub Checkbox2_Click()
    If Checkbox2.Value = True Then
        Label1.Font.Italic = True
    Else
        Label1.Font.Italic = False
    End If
End Sub
Private Sub Checkbox3_Click()
    If Checkbox3.Value = True Then
        Label1.Font.Underline = True
    Else
        Label1.Font.Underline = False
    End If
End Sub
```

6.2.3 框架控件

框架控件在工具箱中的图标为 。

框架跟窗体、图片框控件类似，可以作为其他控件的容器来使用，我们称这类控件为容器控件。在容器中的控件不仅可以随容器移动，而且控件在容器中的相对位置也可以随之调整。

往框架控件里面添加其他控件的方法：

（1）先添加框架控件，然后在控件框架里面再添加其他控件。

（2）对于先于框架加到窗体上面的控件，可以先剪切该控件，然后选中框架，右击，在快捷菜单中选择"粘贴"按钮，就可以把其他控件加入框架里面。

【例 6-4】 利用框架建立一个判断字体、字形、字号的对话框（见图 6-8）。当文字长度超过文本框的边界时，文本框能实现自动换行。我们可以利用单选按钮来控制字体和字号，利用复选框来控制字形，利用框架分别对字体、字形和字号进行分组，这样就可以实现单选按钮的多选。

（1）界面设计如图 6-8 所示。

在窗体上分别放置 1 个文本框（TextBox）和 3 组框架（Frame）控件，每个框架中再分别设置 3 个单选按钮（OptionButton）或 3 个复选框。各控件的属性设置如表 6-3 所示。

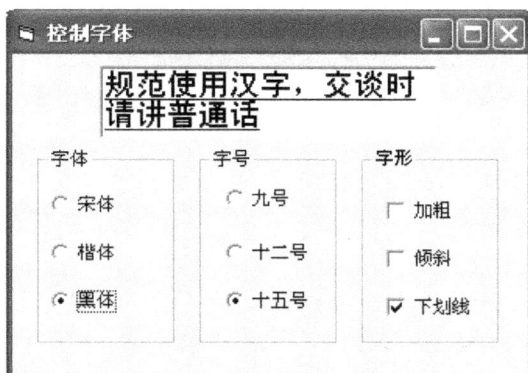

图 6-8 字体对话框

表 6-3 属性设置

对象	属性	设计时属性值	说明
Form1	Caption	控制字体	
Textbox1	MultiLine	True	MultiLine 设置为 True 后,文本框能实现换行,该属性只能在属性窗口中设置
	Text	规范使用汉字,交谈时请讲普通话	
Frame1	Caption	字体	
Frame2	Caption	字号	
Frame3	Caption	字形	
Optionbutton1	Caption	宋体	
Optionbutton2	Caption	楷体	
Optionbutton3	Caption	黑体	
Optionbutton4	Caption	九号	
Optionbutton5	Caption	十二号	
Optionbutton6	Caption	十五号	
Checkbox1	Caption	加粗	
Checkbox2	Caption	倾斜	
Checkbox3	Caption	下划线	

（2）代码设计。

```
Private Sub Optionbutton1_Click()              '宋体
    Textbox1.Font.Name = "宋体"
End Sub
Private Sub Optionbutton2_Click()              '楷体
    Textbox1.Font.Name = "楷体_gb2312"
```

```
    End Sub
    Private Sub Optionbutton3_Click()                    '黑体
       Textbox1.Font.Name = "黑体"
    End Sub
    Private Sub Optionbutton4_Click()                    '9 号字
       Textbox1.Font.Size = 9
    End Sub
    Private Sub Optionbutton5_Click()                    '12 号字
       Textbox1.Font.Size = 12
    End Sub
    Private Sub Optionbutton6_Click()                    '15 号字
       Textbox1.Font.Size = 15
    End Sub
    Private Sub Checkbox1_Click()                  '粗体
       If Checkbox1.Value = True Then
           Textbox1.Font.Bold = True
       Else
           Textbox1.Font.Bold = False
       End If
    End Sub
    Private Sub Checkbox2_Click()                  '倾斜
       If Checkbox2.Value = True Then
           Textbox1.Font.Italic = True
       Else
           Textbox1.Font.Italic = False
       End If
    End Sub
    Private Sub Checkbox3_Click()                  '下划线
       If Checkbox3.Value = True Then
           Textbox1.Font.Underline = True
       Else
           Textbox1.Font.Underline = False
       End If
    End Sub
```

6.3　小　结

在本章中,我们介绍了命令按钮、标签框、文本框、单选按钮、复选框、框架等控件的使用方法。

命令按钮控件的标题一般说明按钮的功能,而其功能是由为控件的事件过程所编制的程序代码实现的。命令按钮的常用事件过程为 Click,在程序设计中,一般应为此建立一个命令按钮控件并编制相应的事件过程。

标签框主要是用来为界面上其他没有 Caption 属性的控件进行说明,也可以利用标签框作为输出控件,为用户提供程序运行时的提示信息。

用户既可以在文本框内用键盘输入数据,也可以把文本框作为输出控件。但文本框的输入数据要注意与 InputBox 函数输入的数据不同。文本框的输出数据也要与标签框控件输出的数据不同,前者在程序运行时,可以编辑相关内容,而后者不能获得焦点,不能直接修改内部内容。

单选按钮和复选框提供了两种选择的方式:同处在一个容器中的多个单选按钮只能选择其中的一个;而复选框可以同时选中多个。

框架作为其他控件的容器(图片控件、窗体也是容器),起着分隔容器之间控件的作用,如 n 个不同框架控件中各有多个单选按钮,可以提供 n 个,而不是 1 个选择。此外,在界面设计时,常将一些功能相近的控件置于同一个框架控件中,使得界面更加清晰。

总之,Visual Basic 提供给用户的控件十分丰富,其中一部分控件将在本书后面章节进行讨论。学习控件,要掌握一种学习的方法,即从用途、属性、方法和事件四个方面去把握一个控件。另外应注意比较,不同控件具有不完全相同的属性集合,一些属性是所有控件共有的,一些属性则是部分控件所特有的。一些属性既可以在属性窗口中设置,又可以在代码中进行修改(如 Caption 属性)。另一些属性则是只读的,只能在设计阶段进行设置(如 Name 属性)。不同控件所具有的方法也不完全相同,能够响应的事件以及事件的触发条件也有所区别。以上提到的各个方面,请读者在后续章节的学习中注意总结。

6.4　习　题

1. 判断题

(1) 用来显示文本框内容的属性是 Caption 属性。　　　　　　　　　　　　(　　　)

(2) 一个窗体中只能含有一组单选按钮。　　　　　　　　　　　　　　　　(　　　)

(3) 命令按钮不但能响应单击事件,而且还能响应双击事件。　　　　　　　(　　　)

(4) 与控件有关的赋值语句一定要放在该控件的事件中。　　　　　　　　　(　　　)

(5) 若复选框控件的 Value 属性值为 True,则框内显示"√";若 Value 属性值为 False,则显示空白。　　　　　　　　　　　　　　　　　　　　　　　　　　　　　(　　　)

(6) 所有控件都有 Name 和 Caption 属性。　　　　　　　　　　　　　　　(　　　)

2. 选择题

(1) 文本框中选定的内容,由(　　)属性来反映。

A. SelText　　　　　　B. SelLength　　　　　C. Text　　　　　　D. SelStart

(2) 执行后会删除文本框 Textbox1 中文本的语句为(　　)。

A. Textbox1. Caption=""　　　　　　B. Textbox1. Text=""

C. Textbox1. Clear　　　　　　　　　D. Textbox1. Cls

（3）复选框对象是否被选中，是由其（　　）属性决定的。

A. Checked   B. Enabled   C. Value   D. Selected

（4）下列选项中，（　　）属性用来表示各对象（控件）的位置。

A. Text   B. Caption   C. Left   D. Name

（5）标签框控件和文本框控件内的对齐方式由（　　）属性决定。

A. Alignmemt   B. Multiline   C. AutoSize   D. Name

（6）在程序运行期间属性值不允许改变的属性是（　　）属性。

A. Caption   B. Name   C. BackColor   D. Enabled

（7）OptionButton 控件和 Checkbox 控件都有 Value 属性，下列叙述正确的是（　　）。

A. 都是设置控件是否可用

B. 都是设置控件是否可见

C. OptionButton 的 Value 属性是逻辑值，而 Checkbox 的 Value 值是数值

D. OptionButton 的 Value 属性是数值，而 Checkbox 的 Value 值是逻辑值

（8）下列表达式错误的是（　　）。

A. Label1. Visible And Label2. Visible   B. Textbox1. Text＋s＄＋Textbox2. Text

C. (Label1. Height＋Label2. Width)/2   D. Textbox1. Index＋Textbox1. Visible

（9）下列关于添加"控件"的方法，正确的是（　　）。

A. 单击控件图标，将指针移到窗体上，双击窗体

B. 双击工具箱中的控件，即在窗体中央出现该控件

C. 单击工具箱中的控件，将指针移到窗体上，再单击

D. 用鼠标左键拖动工具箱中的某控件到窗体中适当位置

（10）文本框 Textbox1 和 Textbox2 用于接受输入的两个数，求这两个数的乘积，错误的是（　　）。

A. y＝Textbox1. Text ＊ Textbox2. Text

B. y＝Val(Textbox1. Text) ＊ Val (Textbox2. Text)

C. y＝Str(Textbox1. Text) ＊ Str(Textbox2. Text)

D. 文本框的 Text 属性是字符型，所以以上语句都错误。

（11）假定窗体上有一个标签，名为 Label1，为了使该标签透明并且没有边框，则正确的属性设置为（　　）。

A. Label1. BackStyle＝0 ；Label1. BorderStyle＝0

B. Label1. BackStyle＝1 ；Label1. BorderStyle＝1

C. Label1. BackStyle＝True ；Label1. BorderStyle＝True

D. Label1. BackStyle＝False ；Label1. BorderStyle＝False

3. 填空题

（1）要是标签框（Label1）控件可换行显示并且可自动调节大小，需将其＿＿＿＿＿＿属性和＿＿＿＿＿＿＿属性同时设置为 True。

（2）大多数控件都可设置其＿＿＿＿＿属性使其有效或无效，可设置其＿＿＿＿＿属性使其可见或不可见。

（3）Textbox 文本框能接受的最长字符数由文本框的＿＿＿＿＿＿＿属性确定。

4. 程序填空题

（1）窗体上有两个命令按钮：Command1（显示）和 Command2（退出）。下列程序运行时，"显示"按钮能响应，"退出"按钮不能响应；单击"显示"按钮后，在窗体上显示一个用字符"＊"组成的 5 层的金字塔，同时"显示"按钮不能响应，"退出"按钮能响应。

```
Private Sub Command1 Click()
    Dim i As Integer, j As Integer
    For i = 1 To 5
        Debug.print Spc(5 - i);
        For j = _____ : Debug.print " ＊ "; : Next j
        Debug.print
    Next i
    Command1.Enabled = False : _____
End Sub
Private Sub Command2 Click()
    End
End Sub
Private Sub Form Load()
    Command1.Enabled = True

    _____
End Sub
```

（2）下列程序用于处理文本框 Textbox1.Text 中的内容，假设文本框中有偶数个字符。要求：将文本框中的内容从头尾至中间依次各取字符，组成一个新的字符串 Str2，并在窗体上输出。例如：Textbox1.Text = "12345678"，则 Str2 = "18273645"。

```
Private Sub Form_Click()
Dim Str1 As String, Str2 As String
Str1 = Textbox1.Text
Str2 = ""
m = 0
Do _____
    Str2 = Str2 + _____
    Str2 = Str2 + _____
    m = m + 1
Loop
Debug.print Str2
End Sub
```

5. 编程题

（1）编程，窗体标题为"猜数游戏"。

基本要求：单击"出题"按钮则生成一个 1 到 100 间的随机整数；然后在文本框中输入若干数（以回车键结束），大于或小于随机数则给出提示信息，猜 1 个数超过 10 次不可再猜该数。猜中了，提示"恭喜你，猜中了数字"。

（2）编写一个如图 6-9 所示的复选框和单选按钮控制的字体变化效果。

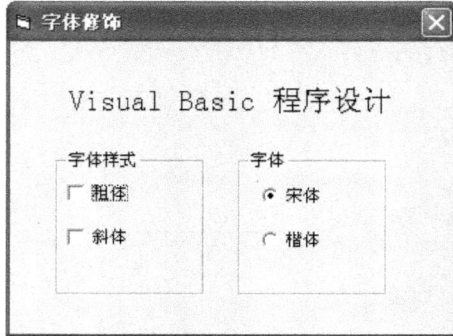

图 6-9　复选框和单选按钮

（3）统计输入信息有多少个英文大写字母、小写字母、数字字符。界面如图 6-10 所示，Textbox2、Textbox3、Textbox4 中分别显示大写字母、小写字母和数字字符的个数。

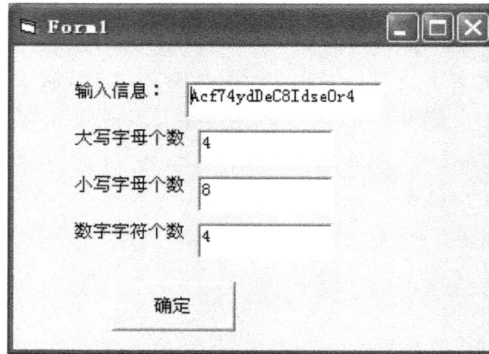

图 6-10　统计字符个数

第7章

Excel VBA 对象

Excel 2010 是对象的集合,其中包含了 Excel 2010 应用程序对象(Application 对象)、工作簿(Workbook 对象)、工作表对象(Worksheet 对象)、单元格对象(Cell 对象)、区域对象(Range 对象)、图表对象(Chart 对象)等。Excel 2010 的对象包含了大量的属性和方法,可以为 VBA 程序直接调用。

本章将学习的主要内容如下:

了解工作簿对象、工作表对象和 Range 对象的常用属性和方法。

掌握工作簿对象、工作表对象和 Range 对象的事件使用方法。

7.1 对　象

对象是一个很广泛的概念,任意一个物体都可以称之为对象,如人就可以作为一个对象,每个人都具有身高、体重、视力等属性,每个人都有吃饭、行走、运动、骑车等行为,并且人的属性和行为是对象自身所拥有的机能,不需要外来帮助就可以自己完成。在计算机科学中,每个对象都能完成自身的操作。

7.2 理解 Excel 2010 对象

Excel 2010 中包含大量的对象,其中每个对象都具有很多属性和方法,开发用户不可能记住所有对象的属性和方法。对于其庞大的类库结构,用户没有必要去记忆,只需大致知道类库的结构,在需要时,查看相应的类库资料,调用相应的方法即可。本节将介绍 Excel 2010 的对象模型以及对象的定义和使用方法。

7.2.1 认识 Excel 2010 对象模型

在 Excel 2010 中,对象是分层组织的,其中最上层是 Application 对象,表示 Excel 2010 应用程序本身。Application 下包含了多个 Workbook 对象,Workbook 对象又包含了多个 Worksheet 对象;Range 对象和 Chart 对象是指工作簿中的单元格和图表。

1.定义 Excel 对象变量

VBA 是通过对象（Object）来操作 Excel 2010 中的对象的。通过定义对象 Object 类型来引用 Excel 2010 中的对象，定义 Excel 对象在形式上等同于定义标准变量，只是在"数据类型"部分用的是类名或 Object。其语法描述如下：

[public] Dim 变量对象名 as 类名

变量对象名指的是对象的名字，类名就相当于在定义变量时的数据类型。一般情况下，将类名定义为 Object，除非开发者知道变量将会指向什么类。建议将对象声明为一个具体的类，此处的 Object 类型对于具体类（如 Workbook 类）而言，就相当于在定义普通变量时，Variant 类型对于具体的数据类型（如 Integer 型）。例如，下述代码就定义了一个名为 g 的工作簿对象：

Dim g as Workbook

2.赋值 Excel 对象变量

在使用变量时，要养成先声明后使用的好习惯，对象变量也不例外。使用 Excel 对象变量与普通变量稍有区别，不能直接使用赋值语句为对象变量赋值，而需要使用 Set 语句来为对象赋值。Set 语句的语法描述如下：

Set 对象变量名＝某具体的对象

使用 Set 语句将一个具体的 Excel 对象赋值给名称"对象变量名"。对象的赋值必须要使用 Set 语句，这是对象变量不同于标准变量的地方。如定义了一个工作簿对象 obj，将 book1.xlsx 工作簿赋值给 obj 对象，代码如下：

Dim obj as Workbook

Obj = workbooks("book1.xlsx")

3.设置对象的属性

对象的属性用于描述对象，访问对象的属性需要用到点"."运算符，其语法描述如下：

Object.属性名＝值

如果操作的对象包含多级对象属性，则要依次使用点运算符逐级访问属性。对象属性赋值的方法与标准变量的赋值方法相同。

如定义一个工作簿对象 obj，然后将 book1.xlsx 赋值给对象 obj，然后将工作簿的名字更改为"成绩表.xlsx"。如果想获取对象的属性，可将变量名放于赋值号左边，用点运算符获取对象属性的表达式放于赋值号右边。具体代码如下：

Dim obj As Workbook

Obj = workbooks("book1.xlsx")

Obj.Name = "成绩表.xlsx"

4.使用对象的方法

从面向对象的思想可以知道，每个对象都有自己的办法，此方法用于完成自身的操作。在 VBA 中，调用对象的方法需要使用点"."运算符，即对象名后紧跟点运算符，然后是方法名。如果对象的方法含有参数，则需要在方法后的括号中列出实际参数。其语法描述如下：

Object.方法名[(arglist)]

例如选中 A1 单元格的语句为：

```
Range("A1").Select
```

5.使用 With 语句

在程序设计的过程中经常要针对某一个对象或用户自定义类型的变量进行一系列操作,如设置对象的各个属性和方法,在访问对象的属性和方法时,需要不断运用点运算符引用各个层次的方法和属性。当所处理的对象层比较多时,代码会变得非常冗长,并且各个属性和方法前的对象引用有大量重复,代码体积明显增大,程序结构不清晰,不便于理解;当需要对某一部分进行修改时,程序变动比较大,不便于代码的维护和修改。

With 语句可以对某个对象执行一系列的语句,而不用重复指出对象的名称,此语句有助于简化代码,并且可以使用程序获得较高的执行效率。语法如下:

```
With object
    [statements]
End With
```

在 With 语句中,可以加上属性的赋值语句,此时只是引用对象一次,而不需要在每个属性赋值时都要引用对象。With 语句各语法元素的含义如表 7-1 所示。

表 7-1　With 语句语法元素意义

语法元素	意　义
Object	是一个必要参数,用于指明对象或自定义类型的变量名
statements	是一个可选参数,需要在 object 变量或用于自定义类型变量上定义所需的操作语句

使用 With 语句的优点,整个程序的结构更清晰,更容易理解,更容易实现对代码的维护。例如,窗体上有一个按钮 commandbutton1,设置按钮上字体为粗体、隶书,With 语句为

```
With .CommandButton1
    With .Font
        .Bold = True
        .Name = "隶书"
    End With
End With
```

7.3　使用集合对象

集合是一种相似的对象的集合。从本质上说,集合是一种包含对象的对象。例如,打开多个 Excel 2010 文档时,此类 Excel 文档就构成了工作簿 Workbook 的一个集合 Workbooks,当一个工作簿中包含多个工作表 Worksheet 时,此类工作表就构成了 Worksheets 集合。本节将介绍集合的使用方法。

Excel 2010 中,已有的集合对象有 Workbooks、Worksheets。使用已有的集合函数可以访问集合成员,如使用 Workbooks 函数可以访问工作簿集合中的任意一个对象,使用 Worksheets 函数可以访问工作表集合中的任意一个对象。其使用方法如下:

```
Workbooks(index)
```

或 Workbooks(workbookname)

使用上述两种方法均可访问工作簿,其中 Index 指工作簿的索引号,是一个整数;Workbookname 是工作簿的名称,类型是一个字符串。同样地,通过 Worksheets(index)或 Worksheets(worksheetname)都可以访问到工作表集合中的某一个工作表。

7.4 Excel 常用对象

7.4.1 工作簿 Workbook 对象

工作簿对象就是一个 Microsoft Excel 文档,其具有丰富的属性、方法和事件。其主要用于描述工作簿 Workbook 对象的各方面信息,其方法主要用于操作工作簿对象,其事件函数主要用于响应对工作簿的各种操作。

Workbook 对象具有 90 多种丰富的属性用于描述工作簿,对于每一属性只要了解其含义即可,不需要记忆所有的属性。对于常用属性熟悉其含义及用法,对于不常用的属性,可根据需要查阅帮助手册。其属性的使用方法如下所述,其表达式返回结果为 Workbook 对象的表达式。

表达式.属性名

1. 使用 Workbook 对象常用属性

(1) 使用 ActiveSheet 属性。

ActiveSheet 属性用于返回一个对象,表示活动工作簿中或指定的窗口或工作簿中的活动工作表(最上面的工作表)。如果没有活动的工作表,则返回 Nothing。如果在使用此属性时没有指明对象名,则此属性返回活动工作簿中的活动工作表。如果某个工作簿出现在若干个窗口中,那么该工作簿的 ActiveSheet 属性在不同的窗口中可能不同,返回活动工作表的名称的代码如下:

ActiveSheet.Name

(2) 使用 Colors 属性。

Colors 属性是一个 Variant 类型可读写属性,用于返回或设置工作簿调色板中的颜色,调色板有 56 项,每项以一个 RGB 值表示。对调色板中各项元素的访问可以使用颜色索引号,如将调色板中第 2 种颜色设为红色的代码如下:

ActiveWorkbook.Colors(5) = RGB(255, 0, 0)

2. 使用 Workbook 对象常用方法

Workbook 对象具有丰富的方法,其主要用于操作工作簿以及工作簿与外部文档或数据的联系。其语法描述如下所示,其中的表达式是指返回结果为 Workbook 对象的表达式。方法名中的参数是可选的。

表达式.方法名[参数表]

(1) 使用 Activate 方法。

Activate 方法用于激活与工作簿相关的第一个窗口。此方法不会运行可能附加在工作簿上的 Auto_Activate 或 Auto_Deactivate 宏。例如下述代码中,当工作簿 book1.xlsm 中包含多个窗口时,将激活 book1.xlsm 工作簿中的第一个窗口。

```
Workbooks("book1.xlsm").Activate
```
（2）使用 Close 方法。

Close 方法用于关闭 Workbook 对象，并不会关闭整个 Excel 2010 应用程序。如果工作簿只有一个，关闭工作簿后，将剩下 Excel 2010 应用程序框架。

```
ActiveWorkbook.Close
```
（3）使用 Save 方法。

Save 方法是指用于保存指定的工作簿。将工作簿标记为已保存，即 Saved 属性设置为 True，但不将其写入磁盘。首次保存工作簿时，需要使用 SaveAs 方法指定文件名，SaveAs 用于在另一不同文件中保存对工作簿所做的更改。

```
ActiveWorkbook.SaveAs Filename: = "book2.xlsx"
```

7.4.2　工作表 Worksheet 对象

在 Excel 对象模型中，Worksheet 对象位于 Workbook 对象之下，即一个工作簿中可以包含多个工作表。在工作簿的使用过程中，许多编辑操作都是在工作表上进行的，因此学会如何设置工作表的格式、操作工作表的内容在实际使用中有着重大的实用价值。

Worksheet 对象是 Worksheets 集合的成员，一个 Worksheets 集合中最多包含 255 个 Worksheet 工作表，Worksheets 集合包含某个工作簿中所有的 Worksheet 对象。同时，Worksheet 对象也是 Sheets 集合的成员，Sheets 集合包含工作簿中所有的工作表，包括图表工作表和工作表。本节将介绍 Worksheet 对象的属性和方法。

1. 使用 Worksheet 对象常用属性

Worksheet 对象具有丰富的属性，主要用于操作工作表对象。有些属性具有一定的返回值，其返回值可能是简单的数据类型，也可能是对象。其属性的使用方法如下所示，其中的表达式是指计算结果为 Worksheet 对象的表达式。

表达式.属性名

（1）使用 Cells 属性。

Cells 属性用于返回一个 Range 对象，表示工作表中的所有单元格，包括已经使用的单元格和未使用的单元格。Cells 属性还可用于选取指定的单元格，为其传递相应的参数后可获取具体的单元格。在不适用对象名的情况下，使用此属性将返回一个 Range 对象，表示当前工作表中所有的单元格。

【例 7-1】　通过使用 Cells 属性来设置所有单元格中的字体样式为粗体、隶书，字体大小为 20 号。

```
Dim wt As Worksheet
Set wt = Sheet1
With wt.Cells.Font
    .Bold = True
    .Name = "隶书"
    .Size = 20
End With
```
其字体样式如图 7-1 所示。

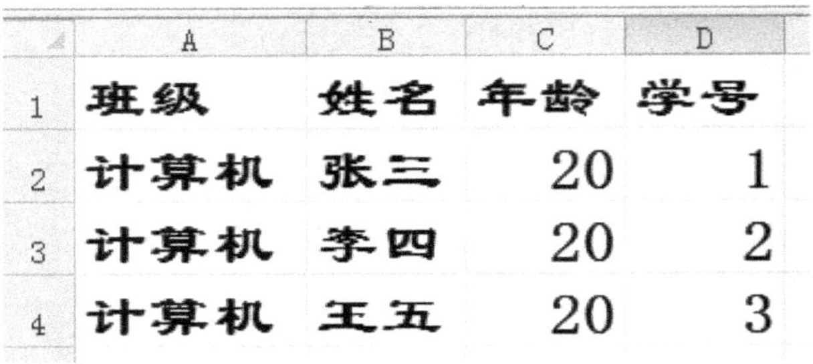

	A	B	C	D
1	班级	姓名	年龄	学号
2	计算机	张三	20	1
3	计算机	李四	20	2
4	计算机	王五	20	3

图 7-1　字体样式

(2) 使用 Range 属性。

Range 属性用于返回一个 Range 对象，表示一个单元格或单元格区域。如果在引用此属性时没有使用对象名前缀，则相当于使用 ActiveSheet. Range，返回活动表的一个区域；如果活动表不是一张工作表，则此属性无效。如下述的代码将返回 A1 到 C5 单元格区域：

```
Worksheets("Sheet1").Range(Cells(1,1), Cells(5,3).Select
```

2. 使用 Worksheet 对象的方法

Worksheet 对象内具有丰富的方法，主要用于操作其自身属性和工作表中所包含的对象。其对象方法的使用如下所示，其中的表达式是一个计算结果为 Worksheet 对象的表达式，其参数列表是可选的，有些方法具有参数，而有些方法没有参数，对于可选参数或无参数的方法可省略其参数。

表达式. 方法名[参数列表]

(1) 使用 Activate 方法

Activate 方法用于激活工作表，使其成为当前活动的工作表，此方法的作用等同于 Workbook 对象和 Window 对象的 Activate 方法，其作用效果等同于在工作簿上单击工作表的名称。如下代码，可用于激活工作表集合中的第 1 个工作表。

```
Worksheets(1).Activate
```

(2) 使用 Copy 方法

Copy 方法用于将工作表复制到另一张工作表中。其语法描述如下所示，其中的表达式是指计算结果为 Worksheet 对象的表达式，Before 和 After 都是一个可选的 Variant 型参数，用于确定将所复制的工作表的位置。与此类似的方法还有 Move 方法，其用于移动工作簿到一个指定的位置。

```
表达式.Copy(Before, After)
```

(3) 使用 Paste 方法

Paste 方法是将剪贴板中的内容粘贴到工作表上，其语法描述如下所示，其中的表达式是指计算结果为 Worksheet 对象的表达式，其中的参数都是可选参数，Destination 用于指定粘贴的目标区域，Link 用于指定是否链接到粘贴数据的源，其值为 True，表示链接到被粘贴数据的源。将当前工作表上 A1：A3 的数据复制到剪贴板上的代码如下：

```
Worksheets(1).Range("A1：A3").Copy
```

7.4.3　Range 对象

在 Excel 对象模型中，Range 对象位于 Worksheet 对象之下。使用 Excel 2010 编辑表格的过程中,所有的表格编辑操作都是在 Range 对象中完成的。

在 Excel 2010 应用程序中,Range 对象可以是某一单元格,某一行,某一列,某一选定区域(该区域可包含一个或若干个连续单元格区域),或者是某个三维区域。在操作 Range 对象之前,先学习 Range 对象的常用属性和使用方法。

1. 使用 Range 对象的常用属性

Range 对象具有丰富的属性,其主要用于描述 Range 对象本身。例如,Address 属性用于描述 Range 对象在单元格中的地址。其属性在使用时的语法描述如下所示,其中的表达式是指计算结果为 Range 对象的表达式。对于某些属性可以为其提供一些参数设置其返回的内容。

表达式. 属性名

(1) 使用 Cells 属性。

Cells 属性用于返回一个 Range 对象,表示指定单元格区域中的单元格。在使用此属性时,如果没有使用对象名,将返回一个 Range 对象,表示活动工作表中所有的单元格。如果使用 Cells 属性指定具体的某一个单元格,需要指定两个参数,第 1 个是行号,第 2 个是列号或者列字母;也可以指定一个参数,表示单元格的序号,此时单元格是按行排列,例如 A1 的序号为 1,B1 的序号为 2,C1 的序号为 3。由于 Excel 2010 中工作表的列数最多可达 256 列,因此 Cells(256)就是第 1 行中的最后一个单元格。

例如,选中 B2 到 F9 单元格的代码如下:

```
Range(Cells(2,2), Cells(9,6)).Select
```

(2) 使用 Font 属性。

Font 属性用于返回一个 Font 对象,表示对象的字体。其主要应用是设置单元格区域中各个内容的字体的大小、名称、粗体、斜体等。

2. 使用 Range 对象的方法

Range 对象具有丰富的属性,其主要用于操作单元格的区域的格式、样式和设置单元格的内容。其使用方法如下所述,其中的表达式是一个计算结果为 Range 对象的表达式,其参数列表是可选的,有些方法具有参数,而有些方法没有参数,对于可选参数或无参数的方法可省略其参数,直接调用。

表达式. 方法名 [参数列表]

(1) 使用 Activate 方法。

Activate 方法用于激活选定区域中指定的单元格。默认情况下,对于一个选定的区域,处于活动状态的单元格是区域中的第 1 个单元格。通过 Activate 方法指定选定区域中的活动单元格。默认的活动单元格是 A1,使用 Activate 方法可令 C4 变成当前活动的单元格,代码如下:

```
Range("A1:F5").Select
Range("C4").Activate
```

(2) 使用 Copy 方法。

Copy 方法用于将单元格区域复制到指定的区域或剪贴板中。其语法描述如下所示,其中的表达式是指计算结果为 Range 对象的表达式,Destination 用于指定要复制到的新区域,如果没有此参数,Microsoft Excel 会将该区域复制到剪贴板。例如,将工作表 Sheet1 上单元格区域 A1:D4 中的公式复制到剪贴板上的代码如下：

```
Worksheets("Sheet1").Range("A1:D4").Copy
```

3．操作 Range 对象

Range 对象是由一个或多个单元格或单元格区域组成的。其是一个实实在在的对象，是 Excel 对象中最基本的操作对象。对 Excel 文档的编辑操作大多都发生在 Range 对象上。本节将介绍引用单元格区域，获取单元格区域的信息、设置单元格样式等一系列操作。

（1）引用某个单元格。

Excel 中的每个单元格都是一个对象，可以通过 Range 属性来引用单元格，也可以通过 Worksheet 对象的 Cells 属性来引用单元格。使用 Range 属性引用单元格时，直接以字符串的形式按 A1 样式给出单元格的地址即可，例如 Range("B2")引用的是 B2 单元格。使用 Worksheets("sheet1").Cells(1,1)引用的就是 A1 单元格。

（2）引用连续单元格区域。

在工作表中的单元格区域分为连续的和非连续的。连续的单元格区域是指由若干个单元格构成的区域，此时矩形的区域左上角的单元格和右下角的单元格就可以确定。因此，对连续区域的引用就存在两种方法：一种方法是使用冒号将左上角和右下角的单元格分隔开，并用引号将选定的区域括起来；另一种方法是用逗号将左上角和右下角的单元格分隔开，并用引号分别将左上角和右下角的单元格标号括起来。

【例 7-2】 对区域 A1:C3 赋值。

代码如下：

```
Dim r As Range
Worksheets(2).Activate
Set r = Range("a1:c3")
For Each c In r
    c.Value = 1
Next
```

赋值后结果如图 7-2 所示。

	A	B	C	D
1	1	1	1	
2	1	1	1	
3	1	1	1	
4				

图 7-2　赋值结果

①引用单行单列。在处理单元格区域时，有时需要处理整行数据或整列数据，整行或整列的引用方法与引用区域单元格的方法相同，只是在引用整行时，需要将冒号两侧的标号都写为同一个行标号，例如在引用第 8 行时，使用 Range("8:8")；在引用整列时，需要将冒号两侧的标号都写为同一个列标号，例如在引用第 6 列时，使用 Range("F:F")。

②引用连续的整行整列。引用连续的整行整列单元格，其方法同于引用连续的单元格区域，只是在引用时不指明行号或列号。当引用连续的整行时，只需要给出行的标号，不给出列的标号即可，例如使用 Range("2:8")将引用第 2 行到第 8 行的连续区域；当引用连续

的整列时,只需要给出列的标号,不给出行的标号,例如使用 Range("B:E")将引用第 2 列到第 5 列的连续区域。

7.5　习　题

(1) 面向对象程序设计有什么特性?

(2) Excel 对象模型中,最顶层的对象是什么?

(3) 为对象变量赋值和为普通变量赋值的区别是什么?

(4) 如何为对象的属性赋值?

(5) 如何调用对象的方法?

(6) 访问工作表中的单元格需要使用工作表对象的哪些属性?

(7) 访问工作表中的若干个单元格组成的区域需要使用工作表对象的哪个属性?

(8) 复制工作表需要使用工作表对象的哪种方法?

(9) 若要引用 D5:F7 的区域,使用 Range 属性该如何表示?

第 8 章

课程设计实例

8.1 课程设计 1

设计一个学生成绩管理系统,学生成绩表如图 8-1 所示,实现对学生成绩总分、平均分、统计、退出等操作。

	学号	姓名	语文	数学	英语	总分	平均	排名	三科成绩是否均超过平均
2	20041001	毛莉	75	85	80				
3	20041002	杨青	68	75	64				
4	20041003	陈小偃	58	69	75				
5	20041004	陆东兵	94	90	91				
6	20041005	闻亚东	84	87	88				
7	20041006	曹吉武	72	68	85				
8	20041007	秦晓玲	85	71	76				
9	20041008	傅珊珊	88	80	75				
10	20041009	钟争秀	78	80	76				
11	20041010	周旻璐	94	87	82				
12	20041011	柴安琪	60	67	71				
13	20041012	吕秀杰	81	83	87				
14	20041013	陈华	71	84	67				
15	20041014	姚小玟	68	54	70				
16	20041015	刘晓瑞	75	85	80				
17	20041016	肖凌云	68	75	64				
18	20041017	徐小君	58	69	75				
19	20041018	程俊	94	89	91				
20	20041019	黄威	82	87	88				
21	20041020	钟华	72	64	85				
22	20041021	郎怀民	85	71	70				
23	20041022	谷金力	87	80	75				
24	20041023	张南玲	78	64	76				
25	20041024	邓云	80	87	82				
26	20041025	麇丽娜	60	68	71				
27	20041026	万基堂	81	83	89				
28	20041027	吴冬玉	75	84	67				
29	20041028	项文双	68	50	70				
30	20041029	徐华	75	85	81				
31	20041030	罗金梅	67	75	64				
32	20041031	齐明	58	69	74				

图 8-1　学生成绩表

8.1.1 设计目的

(1)巩固和加深对 VBA 课程的基本知识的理解与掌握。

(2)掌握 VBA 编程和程序调试的基本技能。

(3)利用 VBA 进行简单的软件设计。

（4）提高运用 VBA 解决实际问题的能力。

8.1.2　主界面设计

（1）新建一个窗体，并在其属性窗口设置其 Catpion 属性为"学生成绩管理系统"；font 属性为宋体、粗体、小四号。具体如图 8-2 所示。

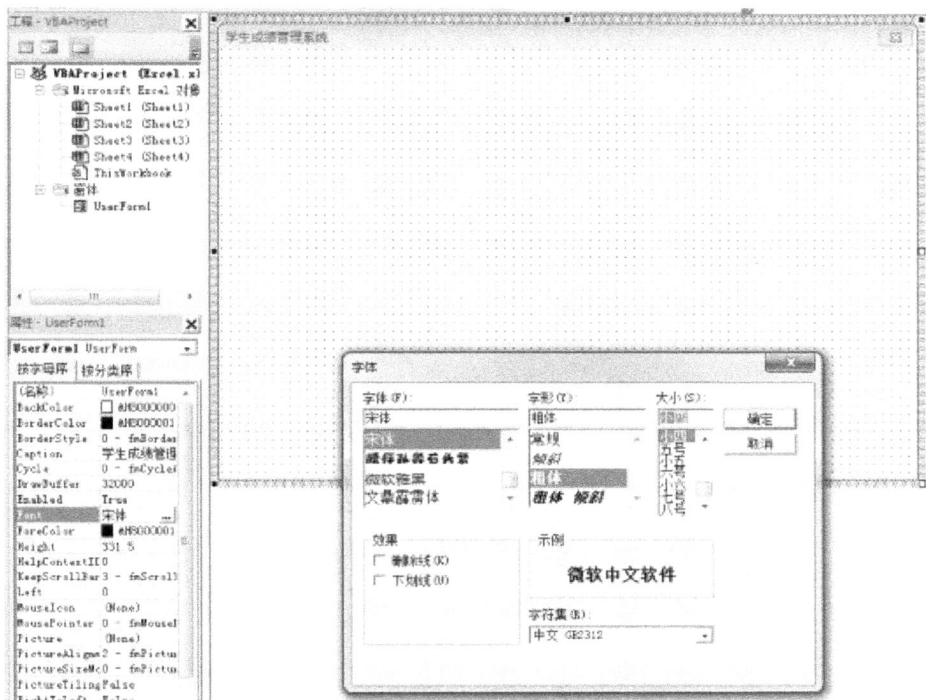

图 8-2　窗体属性设置

（2）在窗体上插入 6 个按钮、6 个标签，并在属性窗口设置它们的 Caption 属性，具体如图 8-3 所示。

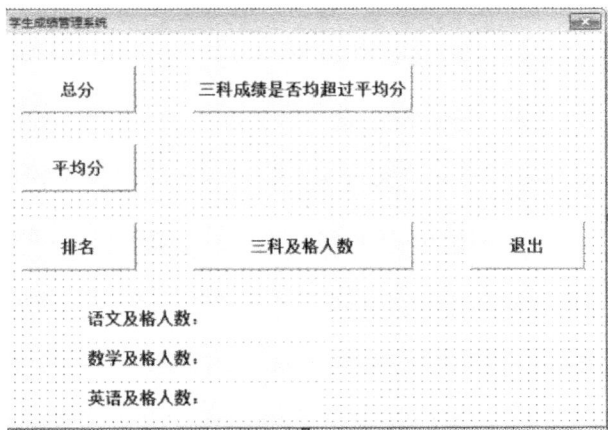

图 8-3　控件及属性设置

（3）分别双击对应按钮，写出对应代码。具体代码如下：

```
Private Sub CommandButton1_Click() '求总分
Dim i As Integer
i = 2
Do While Sheet1.Cells(i, 1) <> ""
    Sheet1.Cells(i, 6) = Sheet1.Cells(i, 3) + Sheet1.Cells(i, 4) + Sheet1.Cells(i, 5)
    i = i + 1
Loop
End Sub


Private Sub CommandButton2_Click() '求平均分
Dim i As Integer, s As Integer
i = 2
Do While Sheet1.Cells(i, 1) <> ""
  s = Sheet1.Cells(i, 3) + Sheet1.Cells(i, 4) + Sheet1.Cells(i, 5)
  Sheet1.Cells(i, 7) = s / 3
  i = i + 1
Loop
End Sub


Private Sub CommandButton3_Click()    '排名
Dim i As Integer, j As Integer, t As Integer
i = 2
Do While Sheet1.Cells(i, 1) <> ""
  t = 1
  j = 2
Do While Sheet1.Cells(j, 1) <> ""
  If Sheet1.Cells(i, 6) < Sheet1.Cells(j, 6) Then t = t + 1
    j = j + 1
  Loop
  Sheet1.Cells(i, 8) = t
  i = i + 1
Loop
End Sub


Private Sub CommandButton4_Click()    '三科成绩是否均超过平均分
Dim i As Integer, a As Single, b As Single, c As Single
i = 2
```

```vb
Do While Sheet1.Cells(i, 1) <> ""
   a = a + Sheet1.Cells(i, 3)
b = b + Sheet1.Cells(i, 4)
c = c + Sheet1.Cells(i, 5)
i = i + 1
Loop
a = a / (i - 2)
b = b / (i - 2)
c = c / (i - 2)
i = 2
Do While Sheet1.Cells(i, 1) <> ""
   If Sheet1.Cells(i, 3) > a And Sheet1.Cells(i, 4) > b And Sheet1.Cells(i, 5)
> c Then
       Sheet1.Cells(i, 9) = True
   Else
      Sheet1.Cells(i, 9) = False
   End If
   i = i + 1
Loop
End Sub


Private Sub CommandButton5_Click()    '三科成绩及格的人数
Dim i As Integer, r As Integer, t As Integer, p As Integer
i = 2
Do While Sheet1.Cells(i, 1) <> ""
   If Sheet1.Cells(i, 3) > 0 Then r = r + 1
   If Sheet1.Cells(i, 4) > 0 Then t = t + 1
   If Sheet1.Cells(i, 5) > 0 Then p = p + 1
   i = i + 1
Loop
Label4.Caption = r
Label5.Caption = t
Label6.Caption = p
End Sub


Private Sub CommandButton6_Click()    '结束
   End
End Sub
```

8.1.3 运行结果

(1)运行前原始文档如图 8-4 所示。

	A	B	C	D	E	F
1	学号	姓名	语文	数学	英语	总分
2	20041001	毛莉	75	85	80	
3	20041002	杨青	68	75	64	
4	20041003	陈小鹰	58	69	75	
5	20041004	陆东兵	94	90	91	
6	20041005	闻亚东	84	87	88	
7	20041006	曹吉武	72	68	85	
8	20041007	彭晓玲	85	71	76	
9	20041008	傅珊珊	88	80	75	
10	20041009	钟争秀	78	80	76	
11	20041010	周昊璐	94	87	82	
12	20041011	柴安琪	60	67	71	
13	20041012	吕秀杰	81	83	87	
14	20041013	陈华	71	84	67	
15	20041014	姚小玮	68	54	70	
16	20041015	刘晓瑞	75	85	80	
17	20041016	肖凌云	68	75	64	
18	20041017	徐小君	58	69	75	
19	20041018	程俊	94	89	91	
20	20041019	黄威	82	87	88	
21	20041020	钟华	72	64	85	
22	20041021	郎怀民	85	71	70	
23	20041022	谷金力	87	80	75	
24	20041023	张南玲	78	64	76	
25	20041024	邓云	80	87	82	
26	20041025	贾丽娜	60	68	71	
27	20041026	万基莹	81	83	89	
28	20041027	吴冬玉	75	84	67	
29	20041028	项文双	68	50	70	

图 8-4 原始文档

(2)计算总分后界面如图 8-5 所示。

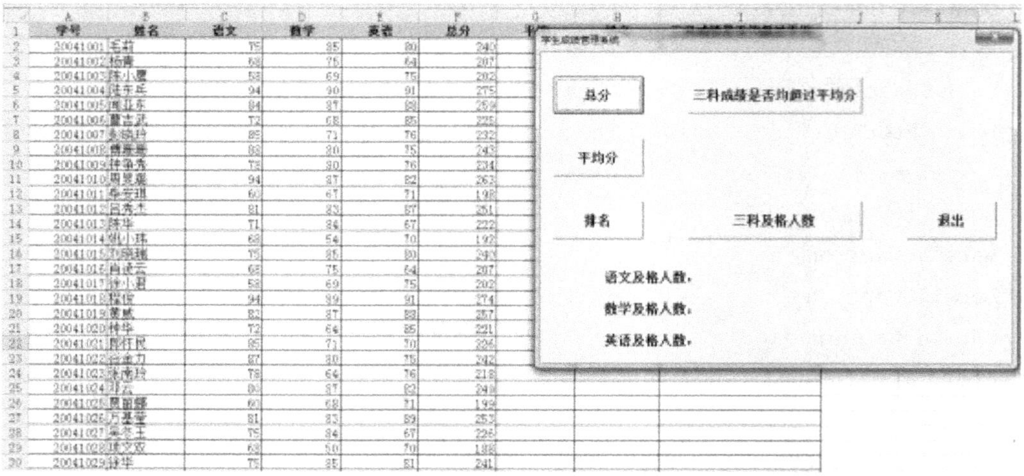

图 8-5 计算总分后界面

(3)计算平均分运行后界面如图 8-6 所示。

	A	B	C	D	E	F	G
1	学号	姓名	语文	数学	英语	总分	平均
2	20041001	毛莉	75	85	80	240	80.00
3	20041002	杨青	68	75	64	207	69.00
4	20041003	陈小鹰	58	69	75	202	67.33
5	20041004	陆东兵	94	90	91	275	91.67
6	20041005	闻亚东	84	87	88	259	86.33

学生成绩管理系统

总分　　　三科成绩是否均超过平均分

平均分

排名　　　三科及格人数　　　退出

语文及格人数：

数学及格人数：

英语及格人数：

						75.00
						77.33
						81.00
						78.00
						87.67
						66.00
						83.67
						74.00
						64.00
						80.00
						69.00
						67.33
						91.33
						85.67
						73.67
						75.33
						80.67
						72.67
						83.00
						66.33
						84.33
						75.33
						62.67
30	20041029	徐华	75	85	81	241	80.33

图 8-6　计算平均分后界面

(4)计算排名运行后界面如图 8-7 所示。

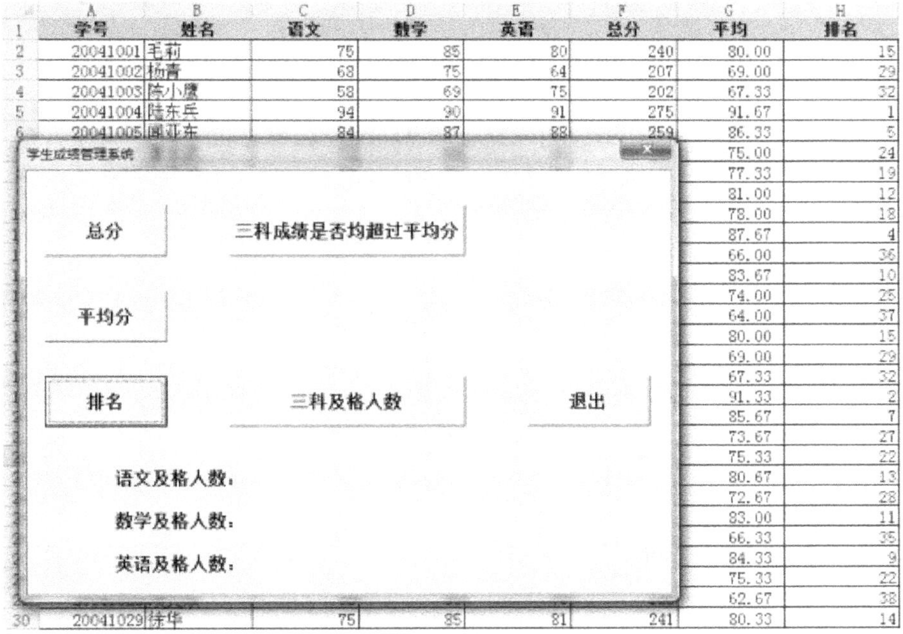

	A	B	C	D	E	F	G	H
1	学号	姓名	语文	数学	英语	总分	平均	排名
2	20041001	毛莉	75	85	80	240	80.00	15
3	20041002	杨青	68	75	64	207	69.00	29
4	20041003	陈小鹰	58	69	75	202	67.33	32
5	20041004	陆东兵	94	90	91	275	91.67	1
6	20041005	闻亚东	84	87	88	259	86.33	5

学生成绩管理系统

总分　　　三科成绩是否均超过平均分

平均分

排名　　　三科及格人数　　　退出

语文及格人数：

数学及格人数：

英语及格人数：

						75.00	24
						77.33	19
						81.00	12
						78.00	18
						87.67	4
						66.00	36
						83.67	10
						74.00	25
						64.00	37
						80.00	15
						69.00	29
						67.33	32
						91.33	2
						85.67	6
						73.67	27
						75.33	22
						80.67	13
						72.67	28
						83.00	11
						66.33	35
						84.33	9
						75.33	22
						62.67	38
30	20041029	徐华	75	85	81	241	80.33	14

图 8-7　计算排名后界面

（5）计算三科成绩是否均超过平均分运行后界面如图 8-8 所示。

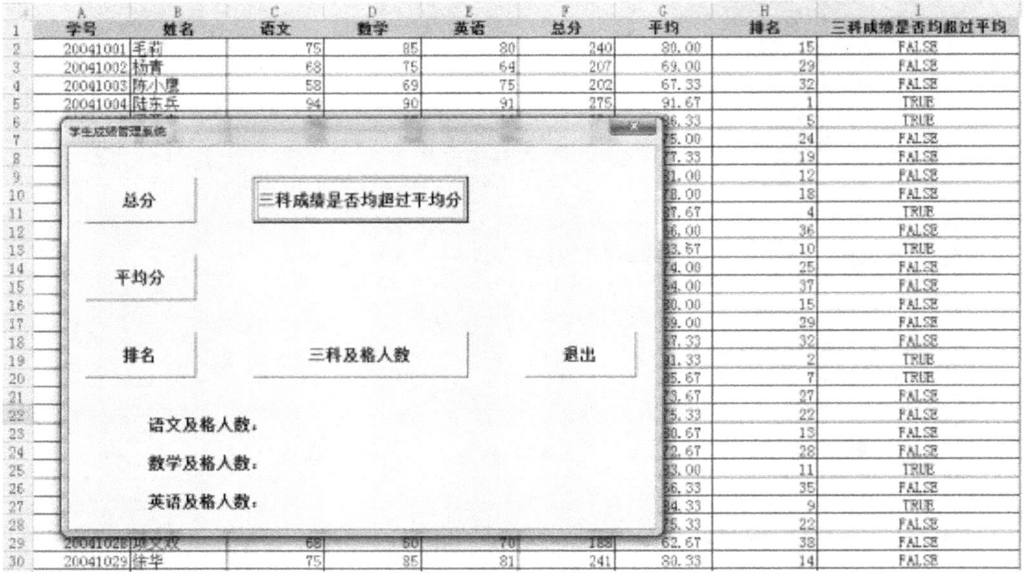

图 8-8　计算三科成绩是否均超过平均分后界面

（6）统计三科及格人数运行后界面如图 8-9 所示。

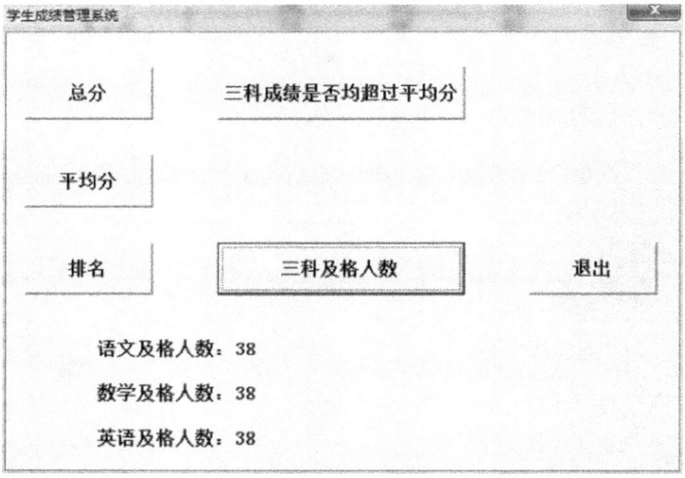

图 8-9　统计三科及格人数后界面

8.2　课程设计 2

设计并制作一个简单的记账本，管理你的个人账目，界面如图 8-10 所示。

	A	B	C	D	E
1				总支出	总收入
2	1 ▼　　计算				
3	日期	支出	收入	剩余	说明
4	2017/1/1		1000		
5	2017/1/3	500			
6	2017/1/8		5000		
7	2017/1/20	3000			
8	2017/2/5	1000			
9	2017/2/8	1000	5000		
10	2017/2/20	3000			
11	2017/3/8		5000		
12	2017/3/20	3000			
13	2017/3/24	1500			
14	2017/3/25		2000		
15	2017/4/1	800			
16	2017/4/8	1000	5000		

图 8-10　个人账目

8.2.1　设计目的

(1)巩固和加深对 VBA 课程的基本知识的理解与掌握。

(2)掌握 VBA 编程和程序调试的基本技能。

(3)利用 VBA 进行简单的软件设计。

(4)提高运用 VBA 解决实际问题的能力。

8.2.2　主界面设计

(1) 在 Excel 表中,单击"开发工具"下的"设计模式",进入设计模式,如图 8-11 所示。

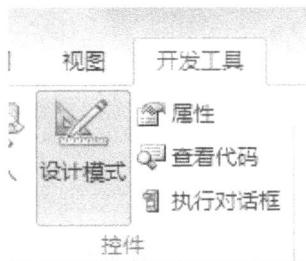

图 8-11　设计模式

(2) 在设计表中填入如图 8-12 所示内容。

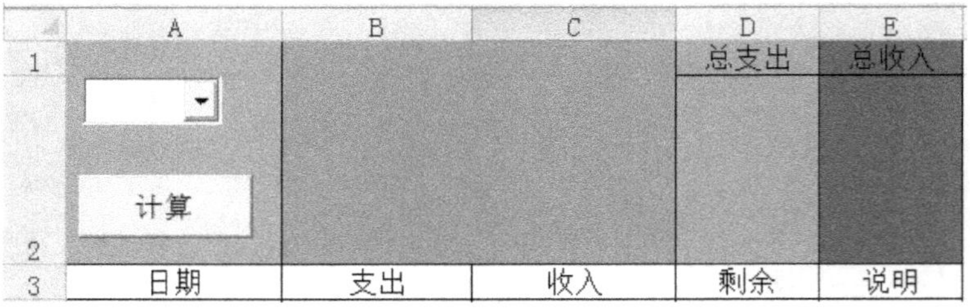

图 8-12　设计表单内容

（3）对列表框进行初始化属性设置，具体代码如下：

```
Private Sub Worksheet_Activate()
    ComboBox1.AddItem ("1")
    ComboBox1.AddItem ("2")
    ComboBox1.AddItem ("3")
    ComboBox1.AddItem ("4")
    ComboBox1.AddItem ("5")
    ComboBox1.AddItem ("6")
    ComboBox1.AddItem ("7")
    ComboBox1.AddItem ("8")
    ComboBox1.AddItem ("9")
    ComboBox1.AddItem ("10")
    ComboBox1.AddItem ("11")
    ComboBox1.AddItem ("12")
End Sub
```

初始化后结果如图 8-13 所示。

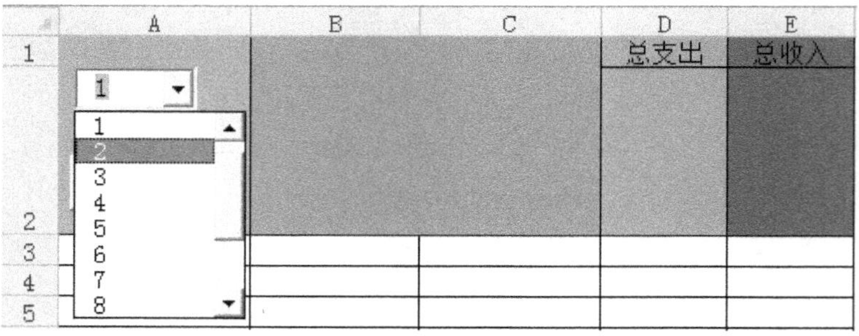

图 8-13　初始化下拉框

（4）在表中按照自己的实际账目填写相关信息，示例如图 8-14 所示。

3	日期	支出	收入	剩余	说明
4	2017/1/1		1000		
5	2017/1/3	500			
6	2017/1/8		5000		
7	2017/1/20	3000			
8	2017/2/5	1000			
9	2017/2/8	1000	5000		
10	2017/2/20	3000			
11	2017/3/8		5000		
12	2017/3/20	3000			
13	2017/3/24	1500			
14	2017/3/25		2000		
15	2017/4/1	800			
16	2017/4/8	1000	5000		

图 8-14　填入表单内容示例

(5)双击"计算"按钮,进入代码窗口。具体代码如下:

```
Private Sub CommandButton1_Click()
Dim i As Integer
Dim s As Single, z As Single
Dim zz As Single, zs As Single, sy As Single
Dim m As String
i = 4
Do While Sheet1.Cells(i, 1) <> ""
  m = Month(Sheet1.Cells(i, 1))
  If m = ComboBox1.Value Then
    z = Sheet1.Cells(i, 2) + z
    s = Sheet1.Cells(i, 3) + s
  End If
  zz = Sheet1.Cells(i, 2) + zz
  zs = Sheet1.Cells(i, 3) + zs
  If i = 4 Then
    sy = Sheet1.Cells(i, 3) - Sheet1.Cells(i, 2)
  Else
    sy = Sheet1.Cells(i - 1, 4) + Sheet1.Cells(i, 3) - Sheet1.Cells(i, 2)
  End If
  Sheet1.Cells(i, 4) = sy
  i = i + 1
Loop
Sheet1.Cells(1, 2) = ComboBox1.Value & "月总计支出" & z & "元,总计收入" & s & "元"
Sheet1.Cells(2, 4) = zz
Sheet1.Cells(2, 5) = zs
End Sub
```

（6）返回 Sheet1，切换到非设计模式，选择需要统计的月份，单击"计算"按钮，运行结果如图 8-15 所示。

	A	B	C	D	E
1				总支出	总收入
	3 ▼	3月总计支出：4500元，总计收入：7000元		14800	23000
	计算				
2					
3	日期	支出	收入	剩余	说明
4	2017/1/1		1000	1000	
5	2017/1/3	500		500	
6	2017/1/8		5000	5500	
7	2017/1/20	3000		2500	
8	2017/2/5	1000		1500	
9	2017/2/8	1000	5000	5500	
10	2017/2/20	3000		2500	
11	2017/3/8		5000	7500	
12	2017/3/20	3000		4500	
13	2017/3/24	1500		3000	
14	2017/3/25		2000	5000	
15	2017/4/1	800		4200	
16	2017/4/8	1000	5000	8200	

图 8-15　运行结果